市政与环境工程系列丛书

泵与泵站习题精选及其解答

赵 晴　邱 微　荣宏伟　主编

哈尔滨工业大学出版社

内 容 简 介

本书是住房和城乡建设部土建类学科专业"十三五"规划教材、教育部高等学校给排水科学与工程专业教学指导分委员会规划推荐教材《泵与泵站》(第七版)的配套用书之一,也是一本独立的学习参考书。本书共分 5 章,分别与《泵与泵站》(第七版)的各章内容相对应:第 1 章为绪论,第 2 章为叶片式泵,第 3 章为其他类型泵,第 4 章为给水泵站,第 5 章为排水泵站。本书总结了《泵与泵站》(第七版)各章节的关键知识点,设计了填空题、选择题、判断题、名词解释、简答题和计算分析题等题型,每章节习题后均附有习题参考答案。习题尽可能做到与该章节内容密切相关,内容由浅入深、重点突出、信息量大、覆盖面广,能够很好地指导学生学习。

本书涵盖了注册给排水工程师基础考试的题目类型,可供高等院校给排水科学与工程、环境工程等专业的本科生及授课教师使用,适用于面向应用技术型本科及高职、高专教育的师生群体,同时对相关专业的研究生及工程技术人员也具有一定的参考价值。

图书在版编目(CIP)数据

泵与泵站习题精选及其解答/赵晴,邱微,荣宏伟主编. —哈尔滨:哈尔滨工业大学出版社,2022.9
ISBN 978-7-5603-9132-8

Ⅰ.①泵… Ⅱ.①赵… ②邱… ③荣… Ⅲ.①给水排水泵-泵站-高等学校-习题集 Ⅳ.①TU991.35-44

中国版本图书馆 CIP 数据核字(2020)第 209896 号

策划编辑　贾学斌
责任编辑　陈雪巍
出版发行　哈尔滨工业大学出版社
社　　址　哈尔滨市南岗区复华四道街 10 号　邮编 150006
传　　真　0451-86414749
网　　址　http://hitpress.hit.edu.cn
印　　刷　哈尔滨久利印刷有限公司
开　　本　787 mm×1 092 mm　1/16　印张 10.75　字数 248 千字
版　　次　2022 年 9 月第 1 版　2022 年 9 月第 1 次印刷
书　　号　ISBN 978-7-5603-9132-8
定　　价　32.00 元

(如因印装质量问题影响阅读,我社负责调换)

前　　言

随着现代工业的蓬勃发展，采矿、水利、电力、石油、化工、市政及农林等部门中有很多各种形式的泵站应用。在市政基础设施建设中，泵与泵站是城市给水和排水工程中重要的组成部分，通常是给排水系统正常运转的枢纽。目前针对"泵与泵站"课程及教材的配套习题还比较有限。本书的编写基于教育部高等学校给排水科学与工程专业教学指导分委员会对给排水科学与工程专业"泵与泵站"课程的基本教学要求，强调了基础知识的训练及巩固，同时设计了不同类型的习题，从多角度培养学生的知识应用能力。

本书是住房和城乡建设部土建类学科专业"十三五"规划教材、教育部高等学校给排水科学与工程专业教学指导分委员会规划推荐教材《泵与泵站》（第七版）的配套用书之一，涵盖了注册给排水工程师基础考试的题目类型，可供高等院校给排水科学与工程、环境工程等专业的本科生及授课教师使用，适用于面向应用技术型本科及高职、高专教育的师生群体，同时对相关专业的研究生及工程技术人员也具有一定的参考价值。

本书共 5 章，分别与《泵与泵站》（第七版）教材中的各章相对应。本书将关键知识点与习题相结合，内容丰富、条理清晰，主要内容包括：第 1 章总结了泵的定义、泵与泵站在给水排水工程中的作用和地位，以及泵的发展趋势，配套相应习题；第 2 章从离心泵的工作原理与基本构造、离心泵的主要零件、叶片泵的基本性能参数、离心泵的基本方程式、离心泵装置的总扬程、离心泵的特性曲线、离心泵装置定速/调速/换轮运行工况等方面总结了关键知识点，并设计相应习题；第 3 章总结了射流泵、气升泵、往复泵和其他几种泵的关键知识点，配套相应习题；第 4 章凝练了给水泵站的分类与特点、泵的选择、给水泵站配电设施、泵机组的布置与基础、吸水管路与压水管路、给水泵站水锤及其防护、给水泵站噪声及其消除、给水泵站中的辅助设施等关键知识点，配套相应习题；第 5 章总结了排水泵站、雨水泵站、合流泵站、螺旋泵站以及排水泵站 SCADA 系统的关键知识点，并设计相应习题。

本书的编写提纲由荣宏伟和邱微提出，第 1、3、4、5 章由邱微编写，第 2 章由赵晴编写。本书在编写过程中还得到了白朗明、唐小斌老师的支持与帮助，以及赵佳睿、江兴昊、汪顺才、塔伊尔江·阿不力孜、何芷晴、李江涛同学的帮助。在这里，向为此书付出艰辛劳动的上述人员表示衷心感谢。

本书是集体智慧的结晶，但是由于编者水平有限，书中的疏漏和不足之处在所难免，真诚希望读者批评指正。

编　者

2022 年 6 月

目 录

第 1 章 绪论 ··· 1
    知识要点 ··· 1
    习题 ··· 2
    参考答案 ··· 4

第 2 章 叶片式泵 ··· 6
  2.1 离心泵的工作原理与基本构造 ·· 6
      知识要点 ··· 6
      习题 ··· 7
      参考答案 ··· 7
  2.2 离心泵的主要零件 ·· 8
      知识要点 ··· 8
      习题 ··· 9
      参考答案 ·· 10
  2.3 叶片泵的基本性能参数 ··· 11
      知识要点 ·· 11
      习题 ·· 12
      参考答案 ·· 14
  2.4 离心泵的基本方程式 ·· 15
      知识要点 ·· 15
      习题 ·· 17
      参考答案 ·· 18
  2.5 离心泵装置的总扬程 ·· 19
      知识要点 ·· 19
      习题 ·· 20
      参考答案 ·· 21

2.6 离心泵的特性曲线 ... 22
知识要点 ... 22
习题 ... 24
参考答案 ... 26

2.7 离心泵装置定速运行工况 ... 27
知识要点 ... 27
习题 ... 30
参考答案 ... 32

2.8 离心泵装置调速运行工况 ... 33
知识要点 ... 33
习题 ... 38
参考答案 ... 42

2.9 离心泵装置换轮运行工况 ... 45
知识要点 ... 45
习题 ... 47
参考答案 ... 49

2.10 离心泵并联及串联运行工况 ... 50
知识要点 ... 50
习题 ... 57
参考答案 ... 58

2.11 离心泵吸水性能 ... 60
知识要点 ... 60
习题 ... 63
参考答案 ... 66

2.12 离心泵机组的使用与维护 ... 68
知识要点 ... 68
习题 ... 69
参考答案 ... 70

2.13 轴流泵及混流泵 ... 70
知识要点 ... 70
习题 ... 72
参考答案 ... 73

2.14 给水排水工程中常用的叶片泵 ································· 74
    知识要点 ·· 74
    习题 ·· 76
    参考答案 ·· 77

第3章 其他类型泵 ··· 78

3.1 射流泵 ·· 78
    知识要点 ·· 78
    习题 ·· 80
    参考答案 ·· 81

3.2 气升泵 ·· 82
    知识要点 ·· 82
    习题 ·· 84
    参考答案 ·· 84

3.3 往复泵 ·· 85
    知识要点 ·· 85
    习题 ·· 87
    参考答案 ·· 88

3.4 其他几种泵 ·· 89
    知识要点 ·· 89
    习题 ·· 98
    参考答案 ·· 100

第4章 给水泵站 ··· 102

4.1 给水泵站分类与特点 ··· 102
    知识要点 ·· 102
    习题 ·· 104
    参考答案 ·· 105

4.2 泵的选择 ··· 106
    知识要点 ·· 106
    习题 ·· 108
    参考答案 ·· 110

4.3 给水泵站配电设施 ·· 111
    知识要点 ·· 111

习题	115
参考答案	116

4.4 泵机组的布置与基础

知识要点	116
习题	118
参考答案	119

4.5 吸水管路与压水管路

知识要点	120
习题	121
参考答案	122

4.6 给水泵站水锤及其防护

知识要点	123
习题	124
参考答案	125

4.7 给水泵站噪声及其消除

知识要点	126
习题	127
参考答案	128

4.8 给水泵站中的辅助设施

知识要点	128
习题	130
参考答案	132

4.9 给水泵站的节能

知识要点	133
习题	134
参考答案	135

4.10 给水泵站 SCADA 系统

知识要点	136
习题	137
参考答案	138

4.11 给水泵站的土建要求

知识要点	138
习题	140

参考答案 140

第5章 排水泵站 141

5.1 排水泵站分类与特点 141
　　知识要点 141
　　习题 147
　　参考答案 149

5.2 雨水泵站 150
　　知识要点 150
　　习题 152
　　参考答案 153

5.3 合流泵站 154
　　知识要点 154
　　习题 155
　　参考答案 155

5.4 螺旋泵站 156
　　知识要点 156
　　习题 157
　　参考答案 157

5.5 排水泵站 SCADA 系统 158
　　知识要点 158
　　习题 159
　　参考答案 159

参考文献 160

第 1 章 绪论

知识要点

1. 泵的定义及分类

泵（Pump）是输送和提升液体的机器。它把原动机的机械能转化为被输送液体的能量，使液体获得动能或势能。

泵按照作用原理可以分为三大类：叶片式泵、容积式泵和其他类型泵。

（1）叶片式泵：这类泵对液体的压送是靠装有叶片的叶轮高速旋转而完成的，根据叶轮出水方向又可以分为离心泵、轴流泵和混流泵。

①离心泵——出水方向为径向；

②轴流泵——出水方向为轴向；

③混流泵——出水方向为斜向。

（2）容积式泵：这类泵对液体的压送是靠改变泵体工作室容积来完成的。改变泵体工作室容积的方式一般有往复运动和旋转运动两种。属于往复运动这一类的容积式泵有活塞式往复泵、柱塞式往复泵等；属于旋转运动这一类的容积式泵有转子泵等。

（3）其他类型泵：这类泵是指除叶片式泵和容积式泵以外的特殊泵，主要有螺旋泵、射流泵（又称水射器）、水锤泵、水轮泵及气升泵（又称空气扬水机）等。其中除螺旋泵是利用螺旋推进原理来提高液体的势能以外，上述其他泵都是利用高速液流或气流的动能或动量来输送液体的。在给水排水工程中，结合具体条件应用这类特殊泵来输送水或药剂（混凝剂、消毒药剂等）时，常常能起到良好的效果。

往复泵的使用范围侧重于高扬程、小流量。轴流泵和混流泵的使用范围侧重于低扬程、大流量。而离心泵的使用范围则介于两者之间，工作区间最广，产品的品种、系列和规格也最多。

2. 泵与泵站的作用和地位

在市政建设中，泵站是城市给水排水工程中重要的组成部分，通常是整个给水排水系统正常运转的枢纽。人们把水泵比作给水排水工程的心脏，靠水泵的正常工作才能维持和保证给水排水系统的正常运行。

在农田灌溉、防洪排涝等方面，泵站经常作为一个独立的构筑物而服务于各项事业。

从经济的角度看，城市供水企业一般都是用电大户。在整个给水工程的用电中，95%～98%的电量用来维持水泵的运转，其他的 2%～5%的电量用在制水过程中所使用的辅助设备上。以一般的城镇水厂而言，泵站消耗的电费通常占制水成本的 40%～70%，甚至更多。就全国水泵机组的电能消耗而言，它占全国电能总耗的 21%以上。因此，通过科学调度优化，提高机组设备的运行效率；采用调速电机，扩大水泵机组的高效工作段；对设备陈旧的机泵，及时采取更新改造等措施，都是降低泵站电耗的重要途径。

3. 泵技术的发展

（1）泵制造方面的发展趋势。

①大型化、大容量化；

②高扬程化、高速化；

③系列化、通用化、标准化。

（2）泵运行方面的发展趋势。

在节能、和谐、可持续发展方针指导下，结合计算机技术、控制技术、通信技术、传感技术的泵站 SCADA 系统，使泵站的运行管理逐步实现自动化、信息化和智能化。泵站 SCADA 系统作为智慧水务的子系统，将保证泵站安全、可靠、高效地运行。

习　　题

一、填空题

1. 将原动机的_____转化为_____，使液体获得_____的机械设备称作泵。

2. 泵可以分为_____、_____、_____。

3. 叶片式泵可分为_____、_____、_____。

4. 容积式泵对液体的压送是靠改变_____完成的。

5. 螺旋泵是利用_____原理来提高液体的势能。

6. 叶片泵中，叶轮出水方向为_____者是离心泵，为轴向者是_____，为_____向者是混流泵。

7. 在给水排水工程中常用的叶片式泵有_____、_____、_____等。

8. _____泵的使用范围侧重于高扬程，小流量。_____泵和_____泵的使用侧重于低扬程，大流量。而_____泵的使用范围则介于两者之间。

9. 叶片式水泵是通过_____的旋转运动来输送液体的。

二、选择题

1. 水泵是输送和提升液体的机器,是转换能量的机械,它把原动机的机械能转换为被输送液体的能量,使液体获得(　　)。

　　A. 压力和速度　　　B. 动能和势能　　　C. 流动方向的变化　　　D. 静扬程

2. 水泵按(　　)可分为叶片式泵、容积式泵和其他类型水泵。

　　A. 结构形式　　　B. 泵轴位置　　　C. 作用原理　　　D. 吸水方式

3. "泵"的英语单词为(　　)

　　A. puma　　　B. pumper　　　C. pump　　　D. Pumpkin

三、判断题

1. 往复泵的特点是小流量、高扬程。　　　　　　　　　　　　　　　　(　　)
2. 轴流泵、混流泵的特点是大流量、低扬程。　　　　　　　　　　　　(　　)
3. 离心泵的叶轮出水方向是轴向流。　　　　　　　　　　　　　　　　(　　)
4. 泵的发展趋势越趋小型化,更加小巧便捷。　　　　　　　　　　　　(　　)
5. 射流泵属于容积式水泵。　　　　　　　　　　　　　　　　　　　　(　　)

四、简答题

1. 泵制造上发展的总趋势是什么?

_____
_____
_____
_____

2. 叶片式泵有哪三类?它们的出水方向各是什么?

_____
_____
_____
_____

3. 水泵按照作用原理可分为哪几类?

_____
_____
_____
_____

4. 写出叶片式泵的定义及分类。

5. 什么是泵？

参 考 答 案

一、填空题

1.（机械能）（被输送液体的能量）（动能或势能）

2.（叶片式泵）（容积式泵）（其他类型泵）

3.（离心泵）（轴流泵）（混流泵）

4.（泵体工作室容积）

5.（螺旋推进）

6.（径向）（轴流泵）（斜）

7.（离心泵）（轴流泵）（混流泵）

8.（往复）（轴流）（混流）（离心）

9.（叶轮）

二、选择题

1. B

2. C

3. C

三、判断题

1. √

2. √

3. ×

4. ×

5. ×

四、简答题

1.（1）大型化、大容量化;（2）高扬程化、高速化;（3）系列化、通用化、标准化。

2.（1）离心泵;出水方向为径向;（2）轴流泵;出水方向为轴向;（3）混流泵;出水方向为斜向。

3. 叶片式泵、容积式泵和其他类型泵。

4. 叶片式泵是依靠叶轮的高速旋转以完成对液体的压送的一种水泵。根据叶轮出水方向可以分为离心泵、轴流泵、混流泵。

5. 泵是输送和提升液体的机器。它把原动机的机械能转化为被输送液体的能量,使液体获得动能或势能。

第 2 章　叶片式泵

2.1　离心泵的工作原理与基本构造

知识要点

1. 离心泵的基本构造

给水排水工程中常用的单级单吸式离心泵的基本构造如图 2.1 所示，包括蜗壳形的泵壳和装于泵轴上旋转的叶轮等。蜗壳形泵壳的吸水口与泵的吸水管相连，出水口与泵的压水管相连接。

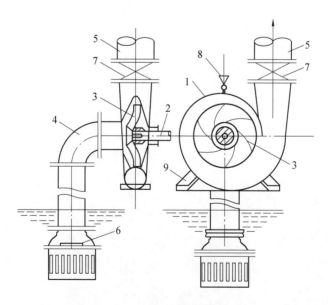

图 2.1　单级单吸式离心泵的基本构造

1—蜗壳形泵壳；2—泵轴；3—叶轮；4—吸水管；5—压水管；6—底阀；
7—闸阀；8—灌水漏斗；9—泵座

2. 离心泵的工作原理

离心泵在启动之前，应先用水灌满泵壳和吸水管，然后驱动电动机，使叶轮和水做高速旋转运动，此时，水受到离心力作用被甩出叶轮，经蜗壳形泵壳中的流道流入泵的压水管，由压水管输入管网。与此同时，泵叶轮中心处由于水被甩出而形成真空，吸水池中的水便在大气压力作用下沿吸水管源源不断地流入叶轮吸水口，然后又受到高速转动叶轮的作用被甩出叶轮而输入压水管。这样，就形成了离心泵的连续输水。

离心泵的工作过程实际上是一个利用离心力甩水进行能量传递和转化的过程，把电动机高速旋转的机械能转化为被抽升液体的动能和势能。

习 题

选择题

1. 离心泵的工作原理就是利用（　　），使液体获得动能和势能。

A. 叶轮旋转　　　　　　B. 叶片的转动速度

C. 叶片转动甩水　　　　D. 离心力甩水

2. 以下关于离心泵的相关表述错误的是（　　）。

A. 离心泵是指靠叶轮旋转时产生的离心力来输送液体的泵

B. 离心泵的基本构造主要包括蜗壳形的泵壳和装于泵轴上与泵轴同步旋转的叶轮

C. 离心泵在启动前，应先用水灌满泵壳和吸水管，然后再驱动电动机

D. 离心泵具有自吸能力

3. 水泵的作用是使液体获得（　　）。

A. 动能　　　　　　　　B. 势能

C. 压能　　　　　　　　D. 动能和势能

参 考 答 案

选择题

1. D

2. D

3. D

2.2 离心泵的主要零件

知识要点

1. 离心泵的转动部件

（1）叶轮：水泵进行能量交换的主要部件。叶轮要有一定机械强度，耐摩擦，抗腐蚀。

①分类。按叶片两侧有无盖板，叶轮可分为：封闭式叶轮、敞开式叶轮和半开式叶轮。清水离心泵的叶轮一般都制成封闭式。在抽升含有悬浮物的污水泵中，为了避免堵塞，常采用敞开式或半开式叶轮。封闭式叶轮应用最广，按其进水方式可分为单吸式叶轮和双吸式叶轮。

②轴向力平衡措施。由于单吸式叶轮缺乏对称性，单吸式离心泵工作时，在泵叶轮上作用有一个推向吸入口的轴向力ΔP。多级式单吸离心泵的轴向力相当大，必须采用专门的轴向力平衡装置，如平衡盘来解决。单级单吸式离心泵一般采取在叶轮的后盖板上钻开平衡孔，并在后盖板上加装减漏环的方法来完成轴向力平衡。

（2）泵轴：用来旋转泵叶轮的部件。泵轴要有足够的抗扭强度和刚度，工作转速不能接近产生共振现象的临界转速。叶轮和泵轴通过键来连接，离心泵通常采用平键。

2. 离心泵的固定部件

（1）泵壳：也称为泵体，多铸成蜗壳形，具有使水流平顺进入叶轮和汇集液体双重功能。泵壳内壁应光滑，以减少液体的摩擦损失。泵壳上设置充水孔、放气孔等。

（2）泵座：起支承和固定泵的作用，通常和泵壳铸成一体，需要预留螺孔（灌水螺孔、真空/压力表螺孔、放水螺孔、泄水螺孔）、法兰孔（与基础或底板固定用）等。

3. 离心泵的交联部件

（1）轴封装置：位于泵轴穿出泵壳处，防止泵壳内高压液体沿轴漏出或外界空气吸入泵的低压区。

①填料密封装置：由轴封套、填料、水封管、水封环及压盖5个部件组成。泵壳内的压力水通过水封管上水封环中的小孔，流入轴与填料内的隙面，起引水冷却与润滑的作用。

优点：结构简单，运行可靠。

缺点：填料寿命短，对特殊液体不可靠。

②机械密封装置：由动环、静环、压紧元件和密封圈等元件组成。

（2）减漏装置：位于叶轮吸入口的外圆与泵壳内壁的缝隙处，减少因水回流产生的容积损失。

①减漏原理：减小缝隙、增加阻力。

②常用减漏装置：金属口环——减漏环，用于承受叶轮与泵壳的磨损，减少泵壳内水流的损失，也称承磨环。

（3）轴承：装于轴承座内，作为转动体的支持部分。

水泵中常用的轴承有滚动轴承和滑动轴承两类。依荷载大小滚动轴承可分为滚珠轴承和滚柱轴承，其构造基本相同，一般荷载大的采用滚柱轴承。依荷载特性轴承又可分为径向式轴承、止推轴承和径向止推轴承。

（4）联轴器：水泵泵轴和电机轴的连接部件。

联轴器分为刚性（安装精度高，常用于小型泵机组和立式泵机组）和挠性（常用于大中型卧式泵机组）两种。

习　题

一、填空题

1. 离心泵的主要零件分为_____、_____和_____三大部分。

2. 离心泵的主要零件中，转动部件有_____；固定部件有_____；交联部件有_____等。

3. 离心泵的主要零件中减漏环的主要作用为：_____两种。

4. 离心泵的泵壳是包容和输送液体的，它多是_____形状。

5. 轴封装置有多种形式，叶片泵应用较多的是_____和_____。

6. 泵中常用的轴承有_____和_____两大类。

7. _____吸式离心泵，由于叶轮缺乏_____性，导致水泵工作时出现推向吸入口的轴向力。

8. 填料密封装置中起到冷却和润滑作用的是_____。

9. 离心泵按叶轮_____分为单吸泵和双吸泵。

10. 叶轮按其盖板情况可分为_____、_____和_____。

二、选择题

1. 离心泵的主要部件中，属于交联部件有：（　　　）。

①叶轮　②泵轴　③填料盒　④轴承座　⑤泵壳

A. ②⑤　　　　　　　　　　　　B. ①②

C. ③④　　　　　　　　　　　　D. ④⑤

2. 由于从工作轮中甩出的水（　　　），因此泵壳的作用之一就是收集水并使其平稳流出。

A. 流动的不平稳　　　　　　　　B. 流动速度太快

C. 水流压力太大　　　　　　　　D. 水头损失较大

3. 泵轴与泵壳之间的轴封装置为（　　）。

A. 填料密封装置　　　　　　B. 减漏装置

C. 承磨装置　　　　　　　　D. 润滑装置

4. 离心泵中叶轮根据（　　）可分为单吸叶轮和双吸叶轮。

A. 进水方式　　B. 前后盖板不同　　C. 叶片弯度方式　　D. 旋转速度

5. 清水离心泵的叶轮一般都制成（　　）。

A. 敞开式　　B. 半开式　　C. 半封闭式　　D. 封闭式

6. 离心泵的转动部件包括（　　）。

A. 泵轴和叶轮　　　　　　　B. 减漏环和叶轮

C. 减漏环、填料盒和叶轮　　D. 叶轮、轴承和填料盒

三、判断题

1. 叶轮是离心泵的主要转动部件之一。（　　）
2. 一般在抽升含有悬浮物的污水泵中，为了避免堵塞，常采用封闭式叶轮。（　　）
3. 离心泵的泵壳通常铸成蜗壳形，其过水部分要求有良好的水力条件。（　　）

参 考 答 案

一、填空题

1.（转动部件）（固定部件）（交联部件）

2.（叶轮、泵轴）（泵壳、泵座）（轴封装置、减漏装置、轴承、联轴器）

3.（承受叶轮与泵壳的磨损、减少泵壳内水流的损失）

4.（蜗壳）

5.（填料密封）（机械密封）

6.（滚动轴承）（滑动轴承）

7.（单）（对称）

8.（水）

9.（进水方式）

10.（封闭式叶轮）（敞开式叶轮）（半开式叶轮）

二、选择题

1. C

2. A

3. A

4. A

5. D

6. A

三、判断题

1. √
2. ×
3. √

2.3 叶片泵的基本性能参数

知识要点

1. 叶片泵的性能参数

（1）流量 Q：泵在单位时间内所输送的液体量，常用单位为"m^3/h"或"L/s"。

（2）扬程 H：泵对受单位重力作用（1 N）的液体所做的功，即受单位重力作用的液体通过泵后其能量的增值，其单位为"(N·m)/N"，也可折算成抽送液体的液柱高度（单位为"m"），工程中用国际压力单位"帕斯卡（Pa）"表示。

（3）轴功率 N：泵轴得自原动机所传递来的功率，常用单位为"kW"。

（4）效率 η：泵的有效功率 N_u（单位时间内通过泵的液体从泵那里得到的能量，单位为"W"）与轴功率 N 之比值。

$$N_u = \rho g Q H$$

式中 ρ——液体的密度，kg/m^3；

g——重力加速度，m/s^2；

Q——流量，m^3/s；

H——扬程，m。

$$\eta = \frac{N_u}{N}$$

由此泵的轴功率

$$N = \frac{N_u}{\eta} = \frac{\rho g Q H}{\eta} \text{ (W)} \quad \text{或} \quad N = \frac{\rho g Q H}{1\,000\eta} \text{ (kW)}$$

（5）转速 n：泵叶轮的转动速度，常用单位为"r/min"。

（6）允许吸上真空高度 H_s：泵在标准状况下（即水温为 20 ℃，表面压力为一个标准大气压（1 atm））运转时，泵所允许的最大的吸上真空高度，单位为"mH_2O"。其值越高，泵的吸水性能越好。

（7）气蚀余量 H_{sv}：泵进口处，受单位重力作用的液体所具有的超过饱和蒸汽压力的富余能量，单位为"mH_2O"。其值越高，泵的吸水性能越差。

2. 泵铭牌

泵铭牌上列出了该泵在设计转速下运转、效率最高时，即设计工况下的参数值。

铭牌上各符号及数字的意义（以单级双吸卧式离心泵 12Sh-28A 为例）：

12——表示泵吸水口的直径（in[①]）；

Sh——表示单级双吸卧式离心泵；

28——表示泵的比转数被 10 除得到的整数，即该泵的比转数为 280；

A——表示该泵叶轮的直径已经切削小了一档。

习　题

一、填空题

1. 叶片式泵的基本性能参数有_____。

2. 单位时间内流过泵的液体从泵那里得到的能量称作_____。

3. _____是单位时间内泵所输送的液体量。

4. 泵的允许吸上真空高度越_____，泵的吸水性能越好；泵的气蚀余量越_____，泵的吸水性能越差。

5. 水泵的设计工况参数（或铭牌参数）是指水泵在_____下运转、_____时的流量、扬程、轴功率以及允许吸上真空高度或气蚀余量值。

6. 水泵的效率是水泵的_____功率与_____功率的比值。

7. 水泵型号 12Sh-28A 中符号"Sh"表示_____；数字"12"表示_____；数字"28"表示_____。

二、选择题

1. 叶片泵的基本性能参数允许吸上真空高度（H_s），是指水泵在标准状况下（即水温为 20 ℃，表面压力为 1 atm）运转时，水泵所允许的最大的吸上真空高度，它反映（　　）。

　　A. 离心泵的吸水性能　　　　B. 离心泵的吸水管路大小

　　C. 离心泵的进水口位置　　　D. 离心泵叶轮的进水口性能

2. 叶片泵在一定转数下运行时，所抽升流体的密度越大（流体的其他物理性质相同），其轴功率（　　）。

　　A. 越大　　　B. 越小　　　C. 不变　　　D. 不一定

---

① in 为英寸，1 in≈0.254 m。

3. 泵所输送的液体黏度增大时，以下泵的基本性能参数增大的是（　　）。
A. 扬程　　　　B. 流量　　　　C. 轴功率　　　　D. 效率

4. 水泵的扬程即（　　）。
A. 水泵出口与水泵进口液体的压能差
B. 水泵出口与水泵进口液体的比能差
C. 叶轮出口与叶轮进口液体的压能差
D. 叶轮出口与叶轮进口液体的比能差

5. 在一台泵中，若已知泵的扬程为 H，流量为 Q，泵的效率值为 η_1，电动机的效率值为 η_2，则泵内电动机的有效功率为（　　）。
A. ρgQH(W)　　B. $\dfrac{\rho gQH}{1000\eta_1}$(kW)　　C. $\dfrac{\rho gQH}{\eta_1\eta_2}$(kW)　　D. $\dfrac{\rho gQH}{1000\eta_1\eta_2}$(kW)

6. 水泵铭牌参数（即设计工况或额定参数）是指水泵在_____时的参数。（　　）
A. 最高扬程　　B. 最大流量　　C. 最大功率　　D. 最高效率

7. 某离心式清水泵的铭牌上写着"型号：12Sh-28A"，其中"28"所代表的是（　　）。
A. 泵吸水口的直径
B. 泵的扬程
C. 泵的比转数被10除的整数
D. 泵的切削率

8. 水泵型号"500S-22"中的 500 是指（　　）。
A. 吸水口直径　　B. 压水口直径　　C. 叶轮直径　　D. 比转数的 1/10

三、判断题

1. 水泵铭牌参数是水泵在最大效率时的参数。（　　）
2. 型号 12Sh-28A 离心式清水泵的 A 表示该泵叶轮的直径已经切削了一档。（　　）
3. 型号为 12Sh-28A 的离心泵，28 代表了压水口直径。（　　）

四、名词解释

1. 流量
2. 扬程
3. 转速
4. 轴功率
5. 效率
6. 有效功率
7. 允许吸上真空高度
8. 气蚀余量

参考答案

一、填空题

1．（流量、扬程、轴功率、效率、转速、允许吸上真空高度和气蚀余量）

2．（有效功率）

3．（流量）

4．（高）（高）

5．（设计转速）（效率最高）

6．（有效）（轴）

7．（单级双吸卧式离心泵）（泵吸水口的直径）（泵的比转数为280）

二、选择题

1．A

2．A

3．C

4．B

5．B

6．D

7．C

8．A

三、判断题

1．√

2．√

3．×

四、名词解释

1．流量：泵在单位时间内输送的液体量。

2．扬程：泵对受单位重力作用（1 N）的液体所做的功，即受单位重力作用的液体通过泵后其能量的增值。

3．转速：泵叶轮的转动速度。

4．轴功率：泵轴得自原动机所传递来的功率。

5．效率：泵的有效功率与轴功率之比值。

6．有效功率：单位时间内流过泵的液体从泵那里得到的能量。

7．允许吸上真空高度：泵在标准状况下运转时，泵所允许的最大的吸上真空高度。

8. 气蚀余量：泵进口处，受单位重力作用的液体所具有的超过饱和蒸汽压力的富余能量。

2.4 离心泵的基本方程式

知识要点

1. 离心泵的基本方程式

（1）定义：研究离心泵扬程和水在叶轮中运动速度之间关系的方程式。
（2）作用：为离心泵的设计、制造、利用和特性分析提供理论依据。
①分析水流在叶轮之间的运动规律；
②研究离心泵的扬程与水在叶轮中运动速度之间的关系。

2. 基本方程式的推导

（1）三点假设。
①液流是恒定流；
②叶槽中液流均匀一致，叶轮同半径处液流的同名速度相等；
③液流为理想流体（即不显示黏滞性、不存在水头损失，此时扬程为理论扬程 H_T，而且密度不变）。
（2）理论依据：动量矩定理。
（3）离心泵基本方程式。
叶轮中液体的流速用牵连速度 u、相对速度 W 和绝对速度 C 表示，如图 2.2 所示。
离心泵的基本方程以相关流速表示：

$$H_T = \frac{1}{g}(C_{2u}u_2 - C_{1u}u_1)$$

式中　H_T——理论扬程；
　　　u_2、u_1——叶轮出口、进口的牵连速度；
　　　C_{2u}、C_{1u}——叶轮出口、进口绝对速度的切向分速度。

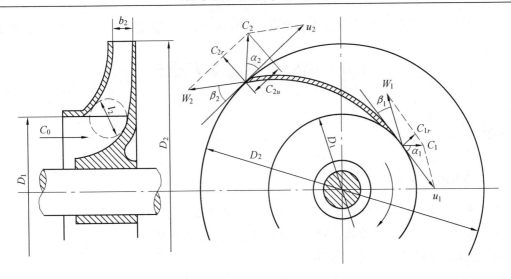

图 2.2 离心泵叶轮中液流的速度

叶轮出口处的牵连速度 u_2 的反向延长线与相对速度 W_2 的夹角 β_2 称为水泵的出水角。依据出水角 β_2 的大小可以将叶片分为后弯式、径向式和前弯式 3 种,如图 2.3 所示。实际工程中使用的离心泵的叶轮一般为后弯式叶片,常用 β_2 值在 20°~30° 之间。

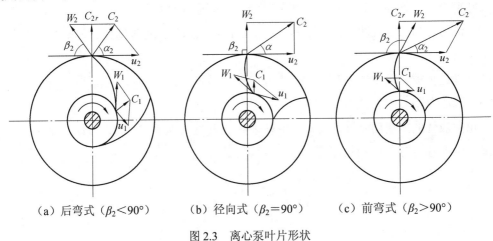

（a）后弯式（$\beta_2<90°$）　　（b）径向式（$\beta_2=90°$）　　（c）前弯式（$\beta_2>90°$）

图 2.3 离心泵叶片形状

3. 基本方程式的讨论与修正

（1）讨论（↑表示增大；↓表示减小）。

①若使 H_T↑,C_2、α_2、R_2 不变,则应使 α_1↑、$\cos \alpha_1$↓。一般在制造离心泵时都将 α_1 取为 90°,此时方程式变形为 $H_T=\dfrac{C_{2u}u_2}{g}$。若使 H_T↑,则应使 α_2↓、$\cos \alpha_2$↑。$\alpha_2=0°$ 在实际中不能做到,一般水泵厂取 $\alpha_2=6°\sim15°$。

②从速度方面分析：$u_2=\dfrac{\pi n D_2}{60}$,$H_T$ 与 nD_2 成正比,离心泵的理论压头随叶轮的转速和直径的增加而加大。

③ H_T 与液体的密度 ρ 没关系，即离心泵的理论扬程与液体的密度无关。但是水泵消耗的功率 $N_T = \rho g Q H$，即水泵消耗的功率与液体的密度有关。

④ 泵的扬程由两部分能量组成：一部分为势扬程（H_1），一部分为动扬程（H_2）。在流出叶轮时，动扬程以动能的形式出现。在实际应用时，由于动能转化为压能过程中伴有能量损失，因此动扬程 H_2 所占比例越小，泵壳内部的水力损失就越小，泵的效率将提高。

（2）修正。

① 关于液体是恒定流问题：当叶轮转速不变时，叶轮外界绝对条件可认为不变，即符合实际情况，不做修正。

② 关于叶槽中液流均匀一致，叶轮同半径处的同名速度相等问题：在叶槽中，水流具有某种程度的自由且会产生反旋现象，叶槽中的液流流速实际是不均匀的。

修正公式为

$$H'_T = \frac{H_T}{1+p}$$

式中　　p——滑移系数。

③ 关于理想流体问题：实际液体在泵壳内有水力损耗，水泵的实际扬程小于理论扬程。

修正公式为

$$H = \eta_h H'_T = \eta_h \frac{H_T}{1+p}$$

式中　　η_h——水力效率，%；

　　　　p——滑移系数。

习　　题

一、填空题

1. 离心泵的基本方程式为_____。

2. 推导离心泵的基本方程式所做的假定为_____、_____、_____。

3. 离心泵的理论扬程 H_T 与叶轮的圆周速度 u_2 成_____比，而 u_2 与叶轮的_____和_____成正比。

4. 离心泵叶片的弯曲形状可分为_____、_____和_____3 种。而实际工程中使用的离心泵大都采用_____叶片。

二、选择题

1. 离心泵的叶片形状一般都采用（　　）。

A. 前弯式　　　　　　B. 后弯式　　　　　　C. 径向式　　　　　　D. 扭曲式

2. 当水泵叶轮出水角大于 90°时，叶片为（　　）。

A. 径向式　　　　　　B. 前弯式　　　　　　C. 后弯式　　　　　　D. 水平式

3. 离心泵的基本方程的三个基本假设不包括（　　）。

A. 液体是紊流

B. 液体是恒定流

C. 液流是理想液体

D. 液流均匀一致，叶轮同半径处液流的同名速度相等

4. 一般离心泵中常用的 β_2 值在（　　）之间。

 A. 10°～20°　　　　B. 30°～40°　　　　C. 20°～30°　　　　D. 40°～50°

5. 水流从吸水管沿着泵轴的方向以绝对速度 C 进入水泵叶轮，自（　　）处流入，液体质点在进入叶轮后，就经历着一种复合圆周运动。

 A. 水泵进口　　　　B. 叶轮进口　　　　C. 吸水管进口　　　D. 真空表进口

6. 叶片泵在一定转数下运行时，所抽升流体的密度越大（流体的其他物理性质相同），其理论扬程（　　）。

 A. 越大　　　　　　B. 越小　　　　　　C. 不变　　　　　　D. 不一定

三、判断题

1. 后弯式水泵的叶片安装角 $\beta_2>90°$。　　　　　　　　　　　　　　（　）

2. 增加转速和加大叶轮直径可以提高泵扬程。　　　　　　　　　　　（　）

3. 离心泵的理论扬程与所抽升液体的密度有关，液体的密度越大，其理论扬程越低，反之扬程越高。　　　　　　　　　　　　　　　　　　　　　　　　　（　）

参 考 答 案

一、填空题

1. （ $H_T = \dfrac{1}{g}(C_{2u}u_2 - C_{1u}u_1)$ ）

2. （液流是恒定流）（叶槽中液流均匀一致，叶轮同半径处液流同名速度相等）（液流为理想流体）。

3. （正）（半径）（转速）

4. （后弯式）（径向式）（前弯式）（后弯式）

二、选择题

1. B

2. B

3. A

4. C

5. B

6. C

三、判断题

1. ×

2. √

3. ×

2.5 离心泵装置的总扬程

知识要点

1. 离心泵装置

(1) 定义：离心泵配上管路以及一切附件后的系统称为离心泵装置。

(2) 涉及两类问题：①确定离心泵装置的工作扬程；②确定离心泵装置的设计扬程。

2. 离心泵装置的工作扬程

正在运转的离心泵装置（图 2.4）总扬程：

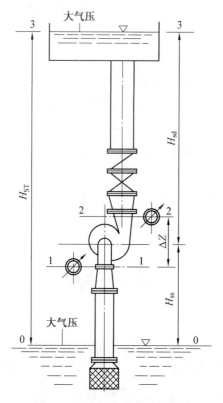

图 2.4 正在运转的离心泵装置

$$H = H_d + H_v + \frac{v_2^2 - v_1^2}{2g} + \Delta Z$$

式中 H_d——以水柱高度表示的压力表读数，m；

  H_v——以水柱高度表示的真空表读数，m；

  $\frac{v_2^2}{2g}$——压力表接孔所在断面 2—2 的流速水头，m；

  $\frac{v_1^2}{2g}$——真空表接孔所在断面 1—1 的流速水头，m；

  ΔZ——真空表接孔到压力表中心的位置高差，m。

  注：在实际工程应用中，一般取 $v_1 = v_2$，$\Delta Z = 0$。

3. 离心泵装置的设计扬程

（1）设计扬程计算公式。

$$H = H_{ss} + H_{sd} + \sum h_s + \sum h_d = H_{ST} + \sum h$$

式中 H_{ss}——离心泵吸水地形高度，即离心泵吸水井水面的测压管水面至泵轴之间的垂直距离，mH₂O；

  H_{sd}——离心泵压水地形高度，即泵轴至水塔的最高水位或密闭水箱液面的测压管水面之间的垂直距离，mH₂O；

  $\sum h_s$——离心泵装置吸水管路的水头损失之和，m；

  $\sum h_d$——离心泵装置压水管路的水头损失之和，m；

  H_{ST}——离心泵装置的静扬程，即从离心泵吸水井的设计水面（断面 0—0）与水塔（或密闭水箱）最高水位（断面 3—3）之间的测压管液面高差，mH₂O；

  $\sum h$——离心泵装置吸、压水管路水头损失总和，m。

（2）试算法求 $\sum h$。

计算静扬程 H_{ST} → 假设 $\sum h'$ → $H = H_{ST} + \sum h'$ → 选泵、布置水泵管路 → 求水头损失 $\sum h$ → 比较 $\sum h$ 和 $\sum h'$，确认是否在误差允许范围内。

习　　题

一、填空题

1. _____、_____和_____三者是离心泵中的三个主要工艺设施，合称装置。
2. 运转中离心泵装置的总扬程约等于_____和_____的读数（折算为 mH₂O）之和。
3. 在忽略流速产生的动能时，离心泵装置总扬程应包括_____和装置中管路及附件的_____。

4. 一台离心泵,输送清水时,泵的压力扬程 H_d 为 0.6 m。现用来输送密度为水的 1.2 倍的液体,该液体的其他物理性质可视为与水相同,在相同情况下,此时压力表读数应为 _____ MPa。

二、选择题

1. 在实际工程应用中,对于正在运行的离心泵,离心泵装置总扬程可以通过以下公式进行计算:$H=$( )。

A. $H_{ss}+H_{sd}$　　　B. H_s+H_{sv}　　　C. $H_{ST}+H_{sv}$　　　D. H_d+H_v

2. 离心泵装置总扬程在实际工程中包括两方面:一是将水由吸水井最低水位提升到水塔在最高水位所需的 H_{ST}(称为:( ));二是消耗在克服管路中 $\sum h$(称为:水头损失)。

A. 压水扬程　　　B. 吸水扬程　　　C. 总扬程　　　D. 静扬程

3. 离心泵装置总扬程包括两部分:一是将水提升一定高度所需的①;二是消耗在管路中的②。①②分别是( )。

A. 总扬程;静扬程

B. 静扬程;总水头损失

C. 总水头损失;沿程水头损失

D. 静扬程;沿程水头损失

三、判断题

1. 离心泵压水地形高度 H_{sd}(mH$_2$O),是指自泵轴至水塔的最高水位或密闭水箱液面的测压管水面之间的垂直距离。　　　　　　　　　　　　　　　　　　　　　　　( )

2. 离心泵的额定流量、扬程等参数与管路系统无关。　　　　　　　　　　　　( )

四、名词解释

1. 离心泵的静扬程
2. 离心泵吸水地形高度

参考答案

一、填空题

1.(水泵)(管路)(附件)

2.(压力表)(真空表)

3.(静扬程)(水头损失)

4.(0.72)

二、选择题

1. D

2. D

3. B

三、判断题

1. √
2. √

四、名词解释

1. 离心泵的静扬程：离心泵吸水井的设计水面与水塔（或密闭水箱）最高水位之间的测压管液面高差。

2. 离心泵吸水地形高度：离心泵吸水井水面的测压管水面至泵轴之间的垂直距离。

2.6 离心泵的特性曲线

知识要点

1. 离心泵的特性曲线

（1）在一定转速下，离心泵的扬程、轴功率、效率、允许吸上真空高度（或气蚀余量）等随流量的变化关系用曲线的方式来表示，该曲线称为离心泵的特性曲线：Q-H；Q-N；Q-η；Q-H_s（或 Q-H_{sv}）。

（2）离心泵特性曲线反映离心泵基本性能的变化规律，可作为选泵和用泵的依据。

（3）各种型号离心泵的特性曲线不同，但都有共同的变化趋势。

2. 离心泵理论特性曲线的定性分析

离心泵的理论特性曲线如图 2.5 所示。

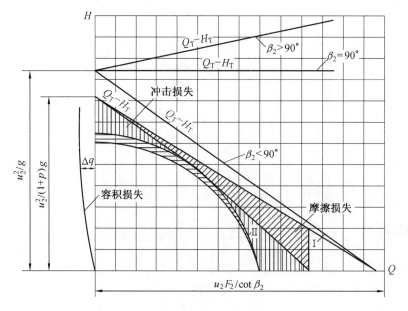

图 2.5 离心泵的理论特性曲线

（1）目前离心泵的叶轮几乎一律采用后弯式叶片（$\beta_2=20°\sim30°$）。这种形式叶片的特点是随扬程增大，水泵的流量减小，因此其相应的流量 Q 与轴功率 N 关系曲线（Q-N 曲线）是一条比较平缓上升的曲线，这对电动机来说，可以稳定在一个功率变化不大的范围内有效地工作。

（2）离心泵的总效率是水力效率 η_h、容积效率 η_v 和机械效率 η_m 3 个局部效率的乘积，分别对应离心泵内部水力损失、容积损失和摩擦损失。

$$\eta=\eta_h\eta_v\eta_m$$

3. 离心泵实测特性曲线的讨论

以 14SA-10 型离心泵为例，其实测特性曲线如图 2.6 所示。

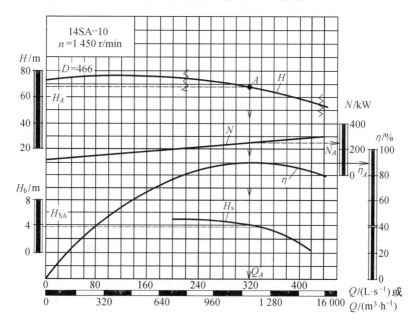

图 2.6　14SA-10 型离心泵的实测特性曲线

（1）扬程 H 随流量 Q 的增大而下降。

（2）泵的高效段：在一定转速下，离心泵存在一最高效率点，称为设计工况点。该点附近的一定范围内（一般不低于最高效率点的 10%）都属于效率较高的区段，即泵的高效段，在该离心泵样本中，用两条波形线标出。

（3）闭闸启动：轴功率随流量增大而增大，流量为零时轴功率最小，仅为额定功率的 30%～40%，而此时扬程又是最大，在此状态下启动离心泵完全符合电动机轻载启动的要求。因此，离心泵在启动初期通常采用关闭出水阀门的启动方法，即"闭闸启动"。泵启动前，压水管上闸阀是全闭的，待电动机运转正常、压力表读数达到预定数值时，再逐步打开闸阀，使泵正常运行。

（4）在 Q-N 曲线上各点的纵坐标表示水泵在各不同流量 Q 时的轴功率值。电动机配套功率的选择应比水泵轴功率稍大。

$$N_P = K \frac{N}{\eta''}$$

式中　K——考虑可能超载的安全系数；

　　　η''——传动效率；

　　　N_P——电动机的配套功率；

　　　N——泵装置在运行中可能达到的最大轴功率。

（5）在 Q-H_s 曲线上各点的纵坐标，表示泵在相应流量下工作时，泵所允许的最大限度的吸上真空高度值。泵的实际吸水真空值必须小于 Q-H_s 曲线上的相应值，否则离心泵将会产生气蚀现象。

（6）离心泵所输送液体的黏度越大，泵体内部的能量损失越大，水泵的扬程和流量均减小，效率下降，而轴功率却增大，即离心泵特性曲线将发生改变。

习　题

一、填空题

1. 离心泵的设计工况点是_____最高点。

2. 从理论上分析，离心泵总效率是_____效率、_____效率、_____效率的乘积。

3. 离心泵 Q-H 特性曲线上对应最高效率的点称为_____。

4. 在离心泵理论特性曲线的讨论中，考虑了离心泵内部的能量损失有_____、_____、_____。

5. 离心泵 Q-H 曲线的高效段一般是指不低于离心泵最高效率点的百分之_____的一段曲线。

6. 离心泵 Q-H 曲线上的两条波形线表示_____。

7. 离心泵工作中，实际吸水真空度必须小于 Q-H_s 曲线上的相应值，否则将产生_____现象。

8. 离心泵应采用_____启动方式，其目的是_____。

9. 离心泵内不同形式的能量损失中，_____损失直接影响离心泵的流量，而与离心泵流量、扬程均无关系的损失是_____损失。

二、选择题

1. 离心泵的设计工况点是（　　）的工况点。

A. 流量最大　　　　　B. 扬程最大　　　　　C. 轴功率最大　　　　　D. 效率最高

2. 下面不属于离心泵的特性曲线的是（　　）。

A. Q-H 曲线　　　　B. Q-N 曲线　　　　C. Q-n 曲线　　　　D. Q-η 曲线

3. 离心泵的几个性能参数之间的关系是在（　　）一定的情况下，其他各参数随 Q 变化而变化，水泵厂通常用特性曲线表示。

A. N　　　　　　　B. H　　　　　　　C. η　　　　　　　D. n

4. 从对离心泵特性曲线的理论分析中，可以看出：每台离心泵都有其固定的特性曲线，这种特性曲线反映了该水泵本身的（　　）。

A. 潜在工作能力　　B. 基本构造　　　C. 基本特点　　　D. 基本工作原理

5. 从离心泵 η-Q 曲线上可以看出，它是一条只有 η 极大值的曲线，它在最高效率点向两侧下降，其（　　），尤其在最高效率点两侧最为显著。

A. 变化较陡　　　　B. 不变化　　　　C. 变化较平缓　　　D. 变化高低不平

6. 在离心泵启动时要求轻载启动（闭闸启动），这时水泵的轴功率为额定功率（设计功率）的（　　）。

A. 100%　　　　　B. 80%　　　　　　C. 30%　　　　　　D. 15%

7. 离心泵的实测特性曲线（　　）。

A. H、N 随 Q 增大而减小，有高效段

B. H、N 随 Q 增大而增大，无高效段

C. H 随 Q 增大而减小，N 随 Q 增大而增大，有高效段

D. H、N 随 Q 增大而减小，Q-η 曲线为驼峰型，高效范围很窄

8. 图 2.7 所示为 3 种不同叶片弯曲形式离心式水泵的 Q_T-H_T 特性曲线，其正确的说法是：（　　）。

A. a 是后弯式叶片；b 是径向式叶片；c 是前弯式叶片

B. a 是前弯式叶片；b 是径向式叶片；c 是后弯式叶片

C. a 是前弯式叶片；b 是后弯式叶片；c 是径向式叶片

D. a 是径向式叶片；b 是前弯式叶片；c 是后弯式叶片

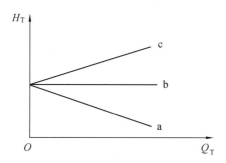

图 2.7　Q_T-H_T 特性曲线

9. 离心泵的实测 Q-H 特性曲线是（　　）。

A. 抛物线　　　　B. 直线　　　　C. 驼峰型曲线　　D. 高效段近似为抛物线

10. 从离心泵实测 Q-N 曲线上可看出，在 $Q=0$ 时，$N\neq 0$。这部分功率将消耗在离心泵的机械损失中，变为（　　）而消耗掉。其结果将使泵壳内水温上升，泵壳、轴承会发热，而严重时会导致泵壳变形。所以，启动后出水阀门不能关太久。

A. 扬程　　　　B. 热能　　　　C. 动能　　　　D. 势能

三、判断题

1. 离心泵的实测特性曲线 H、N 随 Q 而下降。Q-η 曲线为驼峰型，高效范围很窄。（　　）

2. 泵所输送液体的黏度越大，泵体内部的能量损失越大，水泵的扬程（H）和流量（Q）都要减小，效率要下降，而轴功率却增大，即水泵特性曲线将发生改变。　　　　（　　）

3. 从离心泵 η-Q 曲线可以看出，它是一条具有最高效率点的曲线，离心泵的 η-Q 曲线在最高效率点向两侧下降。　　　　（　　）

4. 离心泵 Q-H_s 特性曲线上的某点（Q, H_s）中的 H_s 代表此泵在流量 Q 工作时的实际吸水真空值。　　　　（　　）

四、名词解释

1. 离心泵的特性曲线
2. 闭阀启动

参 考 答 案

一、填空题

1.（效率）

2.（水力）（容积）（机械）

3.（设计工况点）

4.（水力损失）（容积损失）（摩擦损失）

5.（10）

6.（高效段）

7.（气蚀）

8.（闭闸）（轻载启动）

9.（容积）（摩擦）

二、选择题

1. D

2. C

3. D

4. A

5. C

6. C

7. C

8. A

9. D

10. B

三、判断题

1. ×

2. √

3. √

4. ×

四、名词解释

1. 离心泵的特性曲线：在一定转速下，离心泵的扬程、轴功率、效率以及允许吸上真空高度等随流量的变化关系用曲线的方式来表示。

2. 闭阀启动：离心泵在启动初期关闭出水阀门的启动方法，此时轴功率最低。

2.7 离心泵装置定速运行工况

知识要点

1. 工况点

（1）离心泵瞬时工况点：泵运行时，某一瞬时的实际出水量、扬程、轴功率、效率及吸上真空高度等在特性曲线上的具体位置。

（2）决定离心泵装置工况点的因素：

①泵的性能：泵特性曲线；泵的转速（供方）。

②管路系统及边界条件：管路系统特性曲线（需方）。

（3）离心泵装置平衡工况点（也称工作点，常简称为工况点）：将水输送至高度为 H_{ST} 时，泵供给水的总比能与管路系统所需的总比能相等的那个点，即泵特性曲线 Q-H 与管路系统特性曲线 $H=H_{ST}+\sum h$ 的交点。

2. 管路系统特性曲线

管路系统特性曲线可表示水泵流量 Q 与提升受单位重力作用的液体所消耗的能量 H 之间

的关系。

$$H = H_{ST} + \sum h = H_{ST} + SQ^2$$

式中　S——长度、直径已定的管道的沿程摩阻与局部阻力之和的系数。

3. 图解法求水箱出流的工况点（图 2.8）

（1）直接法（两水面标高之差等于水头损失）：Q-$\sum h$ 与高水箱水面的交点 K。

（2）折引法（高水箱水面扣除相应流量下的水头损失）：$(Q$-$\sum h)'$ 与 $H=0$ 的交点 K'。

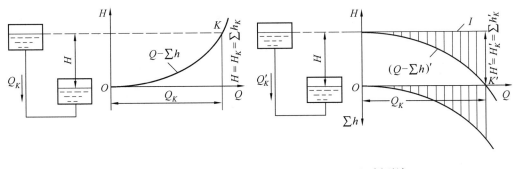

(a) 直接法　　　　　　　　　　　　(b) 折引法

图 2.8　图解法求水箱出流的工况点示意图

4. 图解法求离心泵装置的平衡工况点（图 2.9）

（1）直接法：泵特性曲线 Q-H 与管路系统特性曲线 $H=H_{ST}+\sum h$ 两条曲线的交点 M 即为装置的平衡工况点。

（2）折引法：在 Q-H 曲线上扣除相应流量下的水头损失得 $(Q$-$H)'$，即

$$(Q\text{-}H)' = (Q\text{-}H) - \sum h$$

$Q=H_{ST}$ 与 $(Q$-$H)'$ 的交点 M_1 的流量即为泵的流量，M_1 点垂直向上与 $(Q$-$H)$ 的交点 M 即为泵的工况点。

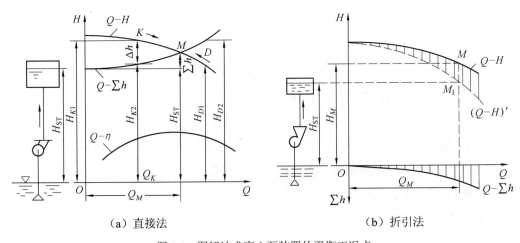

(a) 直接法　　　　　　　　　　　　(b) 折引法

图 2.9　图解法求离心泵装置的平衡工况点

5. 离心泵装置平衡工况点的改变

（1）离心泵的平衡工况点由两条特性曲线（泵特性曲线和管路系统特性曲线）所决定，因而改变其中之一或者同时改变二者即可实现工况点的变化（称为调节）。

（2）管路系统特性曲线的调节。

①改变 H_{ST}：吸水池或出水池水位变化引起的静扬程变化；设有前置水塔时可实现 H_{ST} 的自动调节（图2.10）。

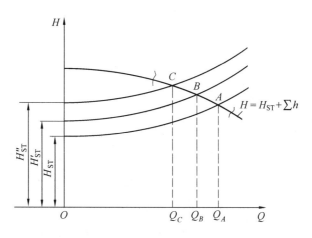

图 2.10 离心泵工况随水位变化

②闸阀调节（节流调节、变阀调节）：利用出水闸阀的开启度变化可改变管道的局部阻力，局部阻力系数 S 值的变化可引起管路系统特性曲线曲率的改变（图2.11）。图2.11中工况点 A 表示闸阀全开时，该装置的极限工况点。

优点：调节流量简便易行，可连续变化。

缺点：关小阀门时增大了局部阻力，S 值加大额外消耗了部分能量，经济上不够合理。

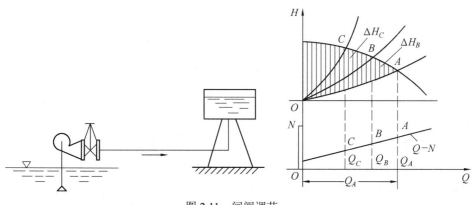

图 2.11 闸阀调节

习　题

一、填空题

1. 离心泵运行时，某一瞬时的出水流量、扬程、轴功率、效率及允许吸上真空高度等在特性曲线上的具体位置称为_____。
2. 管路系统的水头损失曲线是管路系统的_____随_____的变化关系曲线。
3. 离心泵装置的管路系统特性曲线表达式为_____。
4. 图解法求水箱出流的工况点有_____和_____两种方法。
5. 离心泵的极限工况点是_____最大点。
6. 泵供给的总比能与管路系统所需的总比能相等的点称为离心泵装置的_____。
7. 离心泵装置的平衡工况点是_____和_____的交点。
8. 离心泵装置进行节流调节后，水泵的扬程将_____，功率将_____。
9. 离心泵装置最常见的调节是用闸阀来调节，也就是用水泵的出水闸阀的开启度进行调节。关小闸阀，管道局部阻力 S 值加大，管道特性曲线_____，出水量逐渐减小。

二、选择题

1. 反映流量与管路中水头损失之间关系的曲线方程 $H = H_{ST}+SQ^2$，称为（　　）方程。

   A. 流量与水头损失　　　　　　　　B. 阻力系数与流量
   C. 管路系统特性曲线　　　　　　　D. 流量与管道局部阻力

2. 图解法求离心泵装置的平衡工况点过程是，首先找出离心泵特性曲线 $Q-H$，再根据（　　）方程画出管路特性曲线，两条曲线相交于 M 点，M 点就是该离心泵装置的平衡工况点，其出水量为 Q_M，扬程为 H_M。

   A. $S \sim Q^2$；　　　B. $S_h \sim Q$；　　　C. $S_h = SQ^2$；　　　D. $H = H_{ST}+SQ^2$。

3. 从图解法求得的离心泵装置的工况点来看，如果离心泵装置在运行中管道上所有闸门全开，那么泵特性曲线与管路系统特性曲线的交点 M 点就称为该装置的（　　）。

   A. 极限工况点　　　B. 平衡工况点　　　C. 相对工况点　　　D. 联合工况点

4. 离心泵装置最常见的调节是用闸阀来调节，也就是用离心泵出水闸阀的开启度进行调节。关小闸阀时管道局部阻力加大，（　　），出水量逐渐减少。

   A. 管路系统特性曲线变陡　　　　　　B. 泵特性曲线变陡
   C. 相似抛物线变陡　　　　　　　　　D. 效率曲线变陡

5. 用闸阀调节离心泵装置时要注意的是，关小闸阀增加的扬程都消耗在（　　）上了，只是增加了损失，不能增加静扬程，因而在设计时尽量不采用这种方式。

   A. 管路　　　　B. 水泵出口　　　　C. 阀门　　　　D. 吸水管路

6. 某台离心泵装置的运行功率为 N，采用变阀调节后流量减小，其功率由 N 变为 N'，则调节前后的功率关系为（　　）。

　A. $N'<N$　　　　　B. $N'=N$　　　　　C. $N'>N$　　　　　D. $N'\geqslant N$

7. 变阀调节时，水泵的工作点向（　　）移动。

　A. 右下方　　　　　B. 左上方　　　　　C. 左下方　　　　　D. 右上方

8. 定速运行水泵从低水池向高水池供水，当将出水阀门逐渐关小时，水泵的扬程将（　　）。

　A. 逐渐减小　　　　B. 保持不变　　　　C. 逐渐增大　　　　D. 可能增大也可能减小

9. 定速运行水泵从水源向高水池供水，当水源水位不变而高水池水位逐渐升高时，水泵的流量（　　）。

　A. 保持不变　　　　B. 逐渐减小　　　　C. 逐渐增大　　　　D. 不一定

10. （多选）离心泵装置管路特性曲线方程为 $H=H_{ST}+SQ^2$，影响管路系统特性曲线形状的因素有（　　）。

　A. 流量　　　　　　B. 管径　　　　　　C. 管长　　　　　　D. 管道摩阻系数

　E. 管道局部阻力系数　　　　　　　　　F. 水泵型号

三、判断题

1. 关小闸阀管道局部阻力 S 值加大，水泵特性曲线变陡，出水量逐渐减小。（　　）

2. 管道上所有闸阀全开状态时泵供给的总比能与管路系统所要求的总比能相等的点称为平衡工况点。（　　）

3. 泵供给的总比能与管路系统所要求的总比能相等的点称为泵装置的极限工况点。（　　）

4. 关小阀门增大了流动阻力，额外消耗了部分能量，经济上不够合理。但 Q-N 曲线为上升型，泵的轴功率随流量减小，原动机无过载危害。（　　）

5. 水泵装置的极限工况点是指水泵效率的最高点。（　　）

6. 单台水泵定速运行装置可采用出口闸阀调节水泵工况点，当闸阀关小时，水泵工况点将沿着管路特性曲线向左移动。（　　）

7. 在定速运行情况下，离心泵装置平衡工况点的改变，主要是泵特性曲线发生改变引起的。（　　）

8. 泵装置在 M 点工作时，管道上的所有闸阀是全开着的，那么 M 点就是该装置的极限工况点。（　　）

四、名词解释

1. 管路系统特性曲线

2. 水泵极限工况点

3. 瞬时工况点

4. 闸阀节流

参考答案

一、填空题

1. （离心泵瞬时工况点）

2. （水头损失）（流量）

3. （$H=H_{ST}+\sum h = H_{ST}+SQ^2$）

4. （直接法）（折引法）

5. （流量）

6. （平衡工况点）

7. （泵特性曲线）（管路系统特性曲线）

8. （增加）（减少）

9. （变陡）

二、选择题

1. C
2. D
3. A
4. A
5. C
6. A
7. B
8. C
9. B
10. BCDE

三、判断题

1. ×
2. ×
3. ×
4. √
5. ×
6. ×
7. ×
8. √

四、名词解释

1. 管路系统特性曲线：表示水泵流量 Q 与提升受单位重力作用的液体所消耗的能量 H 之间关系的曲线。

2. 水泵极限工况点：离心泵运行后将水泵出口及管路中的阀门全部开到最大，水泵的特性曲线与管路特性曲线相交的点就是极限工况点。

3. 瞬时工况点：泵运行时，某一瞬时的实际出水量、扬程、轴功率、效率及吸上真空高度等在特性曲线上的具体位置。

4. 闸阀节流：通过改变泵出水闸阀的开启度来调节流量。

2.8 离心泵装置调速运行工况

知识要点

1. 调速运行

泵在可调速的电机驱动下运行，通过改变转速来改变泵装置的工况点。调速运行大大地扩展了离心泵的有效工作范围，是泵站运行中十分合理的调节方式。

2. 叶轮相似定律

（1）叶轮相似定律：根据水力学中的相似理论，并运用实验模拟的手段，可根据泵叶轮在某一转速下的已知性能换算出它在其他转速下的性能。泵调速运行工况的变化符合叶轮相似定律。

（2）叶轮相似定律基于工况相似。凡是能满足几何相似和运动相似的两台泵，就称为工况相似泵。

①几何相似：两个叶轮主要过流部分一切相对应的尺寸成一定比例，所有的对应角相等。

$$\frac{b_2}{b_{2m}} = \frac{D_2}{D_{2m}} = \lambda$$

式中　b_2、b_{2m}——实际泵与模型泵叶轮的出口宽度；

　　　D_2、D_{2m}——实际泵与模型泵叶轮的外径；

　　　λ——线性比例尺。

②运动相似：两叶轮对应点上水流的同名速度方向一致，大小互成比例，即在相应点上水流的速度三角形相似（图 2.12）。

$$\frac{C_{2u}}{(C_{2u})_m} = \frac{C_{2r}}{(C_{2r})_m} = \frac{u_2}{(u_2)_m} = \frac{D_2 n}{(D_2 n)_m} = \lambda \frac{n}{n_m}$$

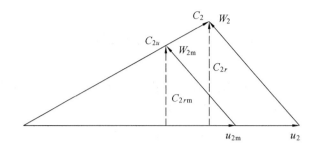

图 2.12 相似工况下两叶轮出口速度三角形

③工况相似:在几何相似的前提下,运动相似就是工况相似。

(3)叶轮相似的三个定律。

第一相似定律:确定两台在相似工况下运行的泵其流量之间的关系。

$$\frac{Q}{Q_\mathrm{m}} = \lambda^3 \frac{\eta_v}{(\eta_v)_\mathrm{m}} \cdot \frac{n}{n_\mathrm{m}}$$

第二相似定律:确定两台在相似工况下运行的泵其扬程之间的关系。

$$\frac{H}{H_\mathrm{m}} = \lambda^2 \frac{\eta_h}{(\eta_h)_\mathrm{m}} \cdot \frac{n^2}{n_\mathrm{m}^2}$$

第三相似定律:确定两台在相似工况下运行的泵其轴功率之间的关系。

$$\frac{N}{N_\mathrm{m}} = \lambda^5 \cdot \frac{n^3}{n_\mathrm{m}^3} \cdot \frac{(\eta_m)_\mathrm{m}}{\eta_m}$$

实际应用中,如实际泵与模型泵的尺寸相差不太大且工况相似,可近似地认为三种局部效率都不随尺寸而变,则相似定律可简化为

$$\frac{Q}{Q_\mathrm{m}} = \lambda^3 \frac{n}{n_\mathrm{m}}$$

$$\frac{H}{H_\mathrm{m}} = \lambda^2 \frac{n^2}{n_\mathrm{m}^2}$$

$$\frac{N}{N_\mathrm{m}} = \lambda^5 \frac{n^3}{n_\mathrm{m}^3}$$

2. 叶轮相似定律的特例——比例律

(1)把相似定律应用于以不同转速运行的同一台叶片泵,则可得到比例律:

$$\frac{Q_1}{Q_2} = \frac{n_1}{n_2}$$

$$\frac{H_1}{H_2} = \left(\frac{n_1}{n_2}\right)^2$$

$$\frac{N_1}{N_2} = \left(\frac{n_1}{n_2}\right)^3$$

（2）比例律应用的图解法。

①已知水泵转速为 n_1 时的 $(Q\text{-}H)_1$ 曲线，但所需的工况点并不在该特性曲线上，而在坐标点 $A_2(Q_2, H_2)$ 处。现问：如果需要水泵在 A_2 点工作，其转速 n_2 应是多少？

【解】a. 通过 A_2 点求"相似抛物线"（图 2.13）。

由比例律得

$$\frac{H_1}{H_2} = \left(\frac{Q_1}{Q_2}\right)^2 \Rightarrow \frac{H_1}{Q_1^2} = \frac{H_2}{Q_2^2} = \cdots = \frac{H_i}{Q_i^2} = k$$

由此得相似抛物线：

$$H = kQ^2$$

凡工况相似的点都位于一条以坐标原点为顶点的二次抛物线上，这条抛物线称为相似工况抛物线，也称等效率曲线。

b. 求与 A_2 点相似的 A_1 点。

相似抛物线与 $(Q\text{-}H)_1$ 线的交点的坐标为 (Q_1, H_1)。

c. 利用比例律得出：

$$n_2 = \frac{Q_2}{Q_1} n_1$$

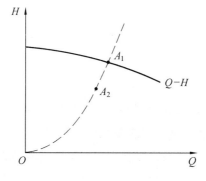

图 2.13　用比例律确定调整后的转速

②已知水泵 n_1 时的 $(Q-H)_1$ 曲线，试用比例律翻画转速为 n_2 时的 $(Q-H)_2$ 曲线。

a. 在 $(Q-H)_1$ 线上任取 a、b、c、d、e 点，利用比例律求得对应的 a'、b'、c'、d'、e' 点，用光滑曲线连接起来就得 $(Q-H)_2$ 曲线。同理可求得 $(Q-N)_2$ 曲线。

b. 求 $(Q-\eta)_2$ 曲线。在利用比例律时，认为相似工况下对应点的效率是相等的，将已知图中（图 2.14）a、b、c、d 等点的效率点平移即可。

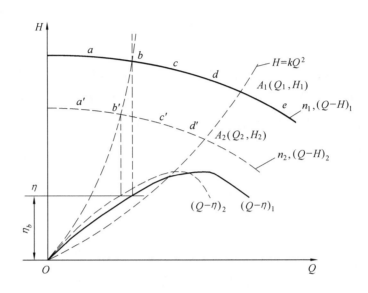

图 2.14 用比例律翻画水泵特性曲线

注意：只有在高效段内，相似工况抛物线才和实际的等效率曲线吻合。

3. 相似准数——比转数

（1）定义：一台与真实水泵成相似关系的模型泵，当它在最高效率下工作时，其产生的 $H_m=1$ m，$N_m=735.5$ W，$Q_m=0.075$ m³/s 时的转速称为该真实泵的比转数（n_s）。

（2）比转数 n_s 是表示一系列相似泵共性的特征参数，因此它就是这些泵的相似准则。如：12Sh-19 型离心泵中，19 表示此水泵的比转数为 190。

（3）比转数公式。

$$n_s = \frac{3.65n\sqrt{Q}}{H^{\frac{3}{4}}}$$

比转数公式中的参数说明：

①对于单吸单级泵，Q 和 H 是指泵最高效率时的流量和扬程，即泵的设计工况参数。如果是双吸式泵，则公式中的 Q 值应该采用泵设计流量的一半（即采用 $Q/2$）。若是多级泵，应采用每级叶轮的扬程（如为三级泵，则扬程用该泵总扬程的 $H/3$ 代入）。

②比转数 n_s 是根据常温条件下所抽升液体的密度 $\rho=1\ 000\ kg/m^3$ 得出的，如果是其他液体，系数将发生变化。

③比转数是有因次的，它的单位是"r/min"。

④在具体计算某泵的比转数值 n_s 时，因使用的单位不同，同一台泵的 n_s 值也不相同。国际上有些国家采用公式 $n_s=\dfrac{n\sqrt{Q}}{H^{\frac{3}{4}}}$ 来计算 n_s 值。例如，按日本 JIS 标准，我国比转数值为日本比转数值的 0.47 倍；美国常用的单位是 Q（U.S gal/min）、H（ft）、n（r/min），按此单位，我国比转数值为美国比转数值的 0.070 6 倍。

（4）关于比转数的讨论。

①比转数反映了实际水泵的主要性能。

当转速 n 一定时，n_s 越大，泵的流量越大，扬程越低；n_s 越小，泵的流量越小，扬程越高。

②比转数反映了叶片泵叶轮的形状。

叶片泵叶轮的形状、尺寸、性能和效率都随比转数而变化。用比转数 n_s 可对叶片泵进行分类（表 2.1）。要形成不同比转数 n_s，在构造上可改变叶轮的外径（D_2），减小内径（D_0）与叶槽宽度（b_2）。

表 2.1 叶片泵叶轮按比转数分类

离心泵			混流泵	轴流泵
低比转数	正常比转数	高比转数		
$n_s=50\sim100$	$n_s=100\sim200$	$n_s=200\sim350$	$n_s=350\sim500$	$n_s=500\sim1\ 200$
$\dfrac{D_2}{D_0}=2.5\sim3.0$	$\dfrac{D_2}{D_0}=2.0$	$\dfrac{D_2}{D_0}=1.4\sim1.8$	$\dfrac{D_2}{D_0}=1.1\sim1.2$	$\dfrac{D_2}{D_0}=0.8$

③比转数反映了泵特性曲线的形状（相对性能曲线）。

n_s 越小，Q-H 曲线就越平坦，$Q=0$ 时的 N 值就越小。因而，比转数低的水泵，采用闭闸启动时，电动机属于轻载启动，启动电流减小；n_s 越小，效率曲线在最高效率点两侧下降得也越平缓。

反之，n_s 越大，Q-H 曲线越陡降；$Q=0$ 时的 N 值越大，效率曲线高效点的左右部分下降得越急剧。对于这种泵，最好用于稳定的工况下工作，不宜在水位变幅很大的场合下工作。

4. 调速途径及调速范围

（1）调速途径。

①电机转速不变，通过中间液力耦合器对叶片泵机组可进行无级调速。

②改变电机本身的转速。

（2）调速范围。

①调速时泵安全运行的前提是调速后的转速不能与其临界转速重合、接近或成倍数。

②泵在调速时一般不轻易地调高转速。提高泵转速将会增加泵叶轮中的离心应力，可能造成机械损伤，也可能接近泵转子固有的振动频率，从而引起强烈的振动现象。

③合理配置调速泵与定速泵台数的比例（详见 2.10 节）。

④水泵调速的合理范围应使调速泵与定速泵均能运行于各自的高效段内。

习　题

一、填空题

1. 工况相似的水泵，它们必备的条件是_____相似和_____相似。

2. 相似工况抛物线上各点的_____都是相等的。

3. 比转数 n_s 的数值可反映出水泵的_____形状和_____的形状。

4. _____是指反映一系列相似泵共性的特征参数。

5. 实现变速调节的途径一般有两种方式，_____和_____。

6. 写出流量为"m³/s"，扬程单位为"m"，转速单位为"r/min"时的比转数公式_____。

7. 对于 Sh 型水泵，额定流量为 Q_0，利用公式 $n_s = \dfrac{3.65n\sqrt{Q}}{H^{\frac{3}{4}}}$ 计算其比转数时，流量 Q 的取值应为_____。

8. 凡是符合比例律关系的工况点均分布在一条以坐标原点为顶点的二次抛物线上，此抛物线称为_____。

9. 离心泵装置的调速运行是指泵的转速在一定范围内变化，从而改变_____，以满足不同的需要。

10. 对于三级泵，额定扬程为 H_0，利用公式 $n_s = \dfrac{3.65n\sqrt{Q}}{H^{\frac{3}{4}}}$ 计算其比转数时，流量 H 的取值应为_____。

11. 泵的_____是相似定律的特例。

12. 泵变速调节的理论依据是：当转速变小时（在相似工况条件下），流量以转速之比的_____关系减小，功率则以转速之比的_____关系下降。

二、选择题

1. 与低比转数的水泵相比，高比转数的水泵具有（   ）。
A. 较高扬程、较小流量
B. 较高扬程、较大流量
C. 较低扬程、较小流量
D. 较低扬程、较大流量

2. 与高比转数水泵相比，低比转数水泵具有（   ）。
A. 较高扬程、较小流量
B. 较高扬程、较大流量
C. 较低扬程、较小流量
D. 较低扬程、较大流量

3. 泵叶轮相似定律的第三相似定律（功率相似定律），即 N 与 n、D 的关系为（   ）。

A. $\dfrac{N}{N_m} = \lambda^4 \left(\dfrac{n}{n_m}\right)^3$
B. $\dfrac{N}{N_m} = \lambda^3 \left(\dfrac{n}{n_m}\right)^3$
C. $\dfrac{N}{N_m} = \lambda^5 \left(\dfrac{n}{n_m}\right)^3$
D. $\dfrac{N}{N_m} = \lambda^2 \left(\dfrac{n}{n_m}\right)^3$

4. 水泵叶轮的相似定律基于几何相似。凡是两台水泵满足几何相似和（   ）的条件，称为工况相似泵。
A. 形状相似   B. 条件相似   C. 水流相似   D. 运动相似

5. 已知：某离心泵 n_1 =960 r/min 时 $(H-Q)_1$ 曲线上工况点 a_1（H_1=38.2 m、Q_1=42 L/s），转速由 n_1 调整到 n_2 后，工况点为 a_2（H_2=21.5 m、Q_2=31.5 L/s），求 n_2=（   ）。
A. 680 r/min   B. 720 r/min   C. 780 r/min   D. 820 r/min

6. 某一单级单吸泵，流量 Q=45 m³/h，扬程 H=33.5 m，转速 n=2 900 r/min，试求比转数 n_s =（   ）。
A. 100   B. 85   C. 80   D. 60

7. 在产品试验中，一台模型离心泵尺寸为实际泵的1/4，并在转速 n=730 r/min 时进行试验，此时测出模型泵的设计工况出水量 Q_n=11 L/s，扬程 H=0.8 m。如果模型泵与实际泵的效率相等，试求：实际水泵在 n =960 r/min 时的设计工况流量和扬程。（   ）
A. Q=1 040 L/s，H=20.6 m
B. Q=925 L/s，H=22.1 m
C. Q=840 L/s，H=26.5 m
D. Q=650 L/s，H=32.4 m

8. 比转数的大小规律是（　　）。

　　A. 离心泵＞轴流泵＞混流泵　　　　B. 离心泵＜轴流泵＜混流泵

　　C. 离心泵＜混流泵＜轴流泵　　　　D. 离心泵＞混流泵＞轴流泵

9. 水泵调速运行时，调速泵的转速由 n_1 变为 n_2 时，其流量 Q、扬程 H 与转速 n 之间的关系符合比例律，其关系式为（　　）。

　　A. $(H_1/H_2) = (Q_1/Q_2)^2 = (n_1/n_2)$

　　B. $(H_1/H_2) = (Q_1/Q_2) = (n_1/n_2)^2$

　　C. $(H_1/H_2) = (Q_1/Q_2)^2 = (n_1/n_2)^2$

　　D. $(H_1/H_2) = (Q_1/Q_2) = (n_1/n_2)$

10. 已知某 12Sh 型离心泵的额定参数为 Q=684 m³/h，H=10 m，n=1 450 r/min，其比转数为（　　）。

　　A. 290　　　　B. 409　　　　C. 107　　　　D. 76

11. 变速调节的原理是（　　）。

　　A. 相似律　　B. 比例律　　C. 切削定律　　D. 相似准则

12. 水泵的相似工况点是指（　　）。

　　A. 效率最高点　　B. 等效率点　　C. 扬程最大点　　D. 高效段内的点

13. 当转速 n 一定时，比转数越大，表示这种泵的流量越（　　），扬程越（　　）。

　　A. 大，高　　B. 大，低　　C. 小，高　　D. 小，低

14. 与轴流泵相比，离心泵的比转数（　　）。

　　A. 大　　B. 小　　C. 差不多　　D. 不一定。

15. 一台正常工作的叶片泵，转速由 n_1 变为 n_2（$2n_1=n_2$），其轴功率将变为原来的（　　）倍。

　　A. 8　　　　B. 4　　　　C. 2　　　　D. 1

16. 水泵在调速时应注意：提高水泵的转数，将会增加水泵叶轮中的离心应力，可能造成（　　），也有可能接近泵转子固有的振动频率，从而引起强烈的振动现象。

　　A. 性能下降　　B. 运行不稳定　　C. 电机超载　　D. 机械性损伤

17. 同一台离心泵，转速为 n，流量为 Q，用变频器把转速改变为 n'，流量将变为（　　）。

　　A. $Q'=Q \cdot (n/n')$　　B. $Q'=Q$　　C. $Q'=Q \cdot (n'/n)$　　D. $Q'=Q \cdot (n/n')^2$

18. 同一台水泵，在运行中转速由 n_1 变为 n_2，则其比转数 n_s 值（　　）。

　　A. 随转速增加而增加　　　　B. 随转速减少而减少

　　C. 不变　　　　　　　　　　D. 不一定

19. 运动相似的条件是（　　）。

　　A. 两个叶轮水流的速度三角形相似

　　B. 两个叶轮的所有对应角相等

C. 两个叶轮的主要过流部分一切相对应的尺寸成一定比例

D. 两个叶轮对应点上水流的同名速度大小互成比例

20. 比转数在 350～500 之间时，属于（　　）。

   A. 离心泵　　　　　　B. 混流泵　　　　　　C. 轴流泵　　　　　　D. 射流泵

21. （多选）比转数与流量、扬程的关系（　　）。

   A. 低比转数：扬程高，流量小　　　　　B. 高比转数：扬程高，流量小

   C. 低比转数：扬程低，流量大　　　　　D. 高比转数：扬程低，流量大

22. （多选）下列关于比转数的叙述，正确的是（　　）。

   A. 比转数大小可以反映叶轮的构造特点

   B. 叶片泵可以根据比转数大小进行分类

   C. 水泵调速运行前后比转数相同

   D. 水泵叶轮切削前后比转数相同

23. （多选）两台水泵运动相似的条件是对应点（　　）。

   A. 尺寸成比例　　　　　　　　　　　B. 尺寸相等

   C. 水流同名速度方向一致　　　　　　D. 水流同名速度大小互成比例

24. （多选）根据比例律可知，不同转速下满足比例律的所有工况点都分布在 $H=kQ^2$ 这条抛物线上，此线可称为（　　）。

   A. 等效率曲线　　　B. 管路特性曲线　　　C. 水泵效率曲线　　D. 相似工况抛物线

三、判断题

1. 离心泵的相似定律是比例律的一种特例。　　　　　　　　　　　　　　（　　）

2. 在转速变化不大时，水泵相似工况抛物线上各点的效率相等。　　　　　（　　）

3. 水泵的比转数越大，其扬程越高。　　　　　　　　　　　　　　　　　（　　）

4. 两台水泵的比转数相等，则其几何形状必定相似。　　　　　　　　　　（　　）

5. 水泵相似工况点的效率是近似相等的。　　　　　　　　　　　　　　　（　　）

6. 转速高的水泵其比转数一定比转速低的泵大。　　　　　　　　　　　　（　　）

7. 调速水泵安全运行的前提是调速后的转速不能与其临界转速重合、接近或成倍数，不能超出振动频率（临界转速）。　　　　　　　　　　　　　　　　　　　（　　）

8. 离心泵采用变速调节扩大了其使用范围，在实际应用中可以根据需要任意调整转速，减少能量的浪费。　　　　　　　　　　　　　　　　　　　　　　　　（　　）

9. 凡是两台泵能满足几何相似和运动相似的条件，称为工况相似泵。　　　（　　）

10. 当转速 n 一定时，比转数越大，表示这种泵的流量越大，扬程越低。　（　　）

11. 按日本的 JIS 标准，我国的比转数为日本的比转数的 0.53 倍。　　　　（　　）

12. 离心泵、轴流泵与混流泵中，离心泵比转数最高。　　　　　　　　　（　　）

13. 离心泵的泵轴工作转速最大可以等于产生共振现象的临界转速。　　　（　　）

14. 同一台泵，运行由 n_1 变为 n_2，$n_1 > n_2$，则其 n_s 值不变。（ ）

四、名词解释

1. 几何相似
2. 运动相似
3. 比转数
4. 相似工况抛物线

五、计算题

1. 一台 10Sh-13 型离心泵，在 1 450 r/min 的转数下，流量、扬程、轴功率和效率分别为 135 L/s、23 m、38 kW 和 83%。若该泵在 1 200 r/min 的转数下运转，试问其相对应的 Q、H、N 和 η 分别为多少？

2. 已知某 12Sh 型离心泵的额定参数为 $Q = 730 \text{ m}^3/\text{h}$，$H = 10 \text{ m}$，$n = 1\,450$ r/min，试计算其比转数。

3. 已知某多级式离心泵的额定参数为流量 $Q = 25.81 \text{ m}^3/\text{h}$，扬程 $H = 480 \text{ m}$，级数为 10 级，转速 $n = 2\,950$ r/min，试计算其比转数 n_s。

参 考 答 案

一、填空题

1. （几何）（运动）
2. （效率）
3. （叶轮）（特性曲线）
4. （比转数 n_s）
5. （改变电机本身的转速）（电机转速不变，通过中间液力耦合器对叶片泵机组进行无级调速）
6. （$n_s = 3.65 n Q^{1/2} / H^{3/4}$）
7. （$0.5 Q_0$）
8. （相似工况抛物线）
9. （泵的特性曲线）
10. （$H_0 / 3$）
11. （比例律）
12. （一次）（三次）

二、选择题

1. D

2. A

3. C

4. D

5. B

6. B

7. B

8. C

9. C

10. A

11. B

12. B

13. B

14. B

15. A

16. D

17. C

18. C

19. A

20. B

21. AD

22. ABC

23. CD

24. AD

三、判断题

1. ×

2. √

3. ×

4. ×

5. √

6. ×

7. √

8. ×

9. √

10. √

11. ×

12. ×

13. ×

14. √

四、名词解释

1. 几何相似：两个叶轮主要过流部分一切相对应的尺寸成一定比例，所有的对应角相等。

2. 运动相似：两叶轮对应点上水流的同名速度方向一致，大小互成比例。

3. 比转数：一台与真实水泵成相似关系的模型泵，当它在最高效率下工作时，其产生的 $H_m=1$ m，$N_m=735.5$ W，$Q_m=0.075$ m³/s 时的转速称为该真实泵的比转数（n_s）。比转数也称比速，是反映同类水泵共性的综合性特征数。

4. 相似工况抛物线：凡是符合比例律关系的工况点，均分布在一条以坐标原点为顶点的二次抛物线上。这条抛物线称为相似工况抛物线，也称等效率曲线。

五、计算题

1. 解：根据比例律，$Q/Q_1=n/n_1$ 得 $Q=n\times Q_1/n_1=$（1 200×135）/1 450=111.72（L/s）

$H/H_1=(n/n_1)^2$，则 $H=(n/n_1)^2\times H_1=$（1 200/1 450）²×23=15.75（m）

$N/N_1=(n/n_1)^3$，则 $N=(n/n_1)^3\times N_1=$（1 200/1 450）³×38=21.54（kW）

$\eta=83\%$（不变）

2. 解：

$$n_s=\frac{3.65n\sqrt{Q}}{H^{\frac{3}{4}}}=3.65\times\frac{1\ 450\sqrt{\frac{731}{2}\times\frac{1}{3\ 600}}}{10^{\frac{3}{4}}}=300$$

3. 解：

$$n_s=\frac{3.65n\sqrt{Q_1}}{H_1^{\frac{3}{4}}}=3.65\times\frac{2\ 950\sqrt{\frac{25.81}{3\ 600}}}{\left(\frac{480}{10}\right)^{\frac{3}{4}}}=50$$

2.9 离心泵装置换轮运行工况

知识要点

1. 切削律

将泵的原叶轮外径用车刀车小从而改变泵性能的方法，即变径调节。一般适用于离心泵和一部分比转数较小的混流泵。如：12Sh-6 水泵一次切削为 12Sh-6A，二次切削为 12Sh-6B。水泵在进行叶轮切削时，一般最多切两次。

叶轮切削后，泵的流量、扬程、功率都相应降低，切削前与切削后泵的性能存在以下关系，称为切削律：

$$\frac{Q'}{Q}=\frac{D'_2}{D_2} \qquad \frac{H'}{H}=\left(\frac{D'_2}{D_2}\right)^2 \qquad \frac{N'}{N}=\left(\frac{D'_2}{D_2}\right)^3$$

切削律建立于大量感性试验资料的基础上。如果叶轮的切削量控制在一定限度内，则切削前后水泵相应的效率可视为不变。

2. 切削律的应用

（1）已知叶轮的切削量，求切削前后泵特性曲线的变化。即：已知叶轮外径 D_2 的泵特性曲线，要求画出切削后的叶轮外径为 D'_2 时的泵特性曲线（图 2.15）。

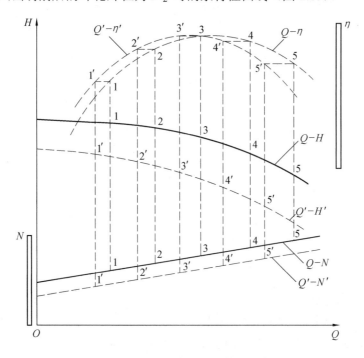

图 2.15 用切削律翻画特性曲线

解决这一类问题的方法归纳为"选点、计算、立点、连线"4个步骤。

在 Q-H 线上任取 1、2、3、4、5 点,利用切削律求得对应的 $1'$、$2'$、$3'$、$4'$、$5'$点,用光滑曲线连接起来即得 Q'-H' 曲线。

同理可求得 Q'-η' 曲线和 Q'-N' 曲线。

(2) 已知泵在 B 点工作,流量为 Q_B,扬程为 H_B,B 点位于该泵的 Q-H 曲线的下方。现使用切削方法,使水泵的新特性曲线通过 B 点,求:切削后的叶轮直径 D_2' 是多少?需要切削百分之几?是否超过切削限量?

找出与 B 点效率相等的对应点(图 2.16),按切削律可得

$$\frac{H'}{(Q')^2} = \frac{H}{Q^2} = K$$

切削抛物线方程为

$$H = KQ^2$$

画出该切削抛物线(等效率曲线),凡满足切削律的点,一定在此抛物线上。

切削抛物线与 D_2 时的 Q-H 曲线的交点为 A,由 $D_2' = D_2 \dfrac{Q_B}{Q_A}$ 计算求出 D_2'。

$$切削量(\%) = \frac{D_2 - D_2'}{D_2} \times 100\%$$

求出切削 D_2' 后,就可以进一步画出 D_2' 时的水泵特性曲线。

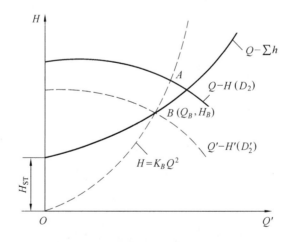

图 2.16 用切削抛物线求叶轮切削量

(3) 应用切削律注意:

①不能超过切削极限,否则会影响泵的性能。

②对不同构造的叶轮切削应采取不同的方式(图 2.17)。

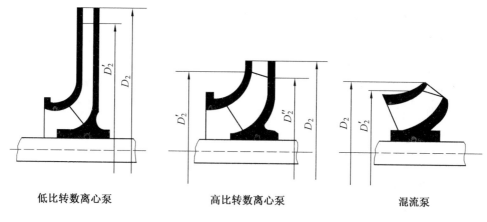

图 2.17 叶轮的切削方式

③沿叶片弧面在一定的长度内锉掉一层,可改善叶轮的工作性能。

④叶轮切削使泵的使用范围扩大。

⑤充分利用泵厂配套的、不同直径的备用叶轮。

习　　题

一、填空题

1. 写出切削律的三个关系式:_____、_____、_____。写出比例律的三个关系式:_____、_____、_____。

2. 离心泵装置工况点可用切削叶轮的方法来改变,其前提是_____。

3. 根据切削律,凡满足切削律的任何工况点,都分布在 $H=KQ^2$ 这条抛物线上,此线称为_____。

二、选择题

1. 已知:某离心泵 D_2=290 mm 时的 $(H \sim Q)_1$ 曲线,在夏季工作时工况点 A(H_A=38.2 m、Q_A=42 L/s),到了冬季将备用叶轮切小后装上使用,静扬程不变,工况点 B 比 A 点流量下降 12%,扬程为 H_B=35.9 m,B 点的等效率点为曲线 $(H \sim Q)_1$ 上的 C 点(H_C=42 m、Q_C=40 L/s),求该叶轮切削外径百分之几?(　　)

A. 15.8%　　　　　B. 11.7%　　　　　C. 8.8%　　　　　D. 7.6%

2. 根据切削律知道,凡满足切削律的任何工况点,都分布在 $H=KQ^2$ 这条抛物线上,此线称为切削抛物线。实践证明在切削限度内,叶轮切削前后泵效率变化不大,因此切削抛物线也称为(　　)。

A. 等效率曲线　　B. 管路特性曲线　　C. 水泵效率曲线　　D. 叶轮变径曲线

3. 低比转数的离心泵的叶轮外径由 D_1 切削至 D_2 时,其流量 Q、扬程 H 与叶轮外径 D 之间的变化规律是切削律,其关系为(　　)。

A. $(H_1/H_2)=(Q_1/Q_2)^2=(D_1/D_2)^2$

B. $(H_1/H_2)=(Q_1/Q_2)=(D_1/D_2)^2$

C. $(H_1/H_2)=(Q_1/Q_2)^2=(n_1/n_2)$

D. $(H_1/H_2)=(Q_1/Q_2)=(n_1/n_2)$

4.变径调节适用于（　　）。

A. 离心泵　　　　　　　　　　　B. 轴流泵

C. 比转数较高的混流泵　　　　　D. 所有叶片泵

5.如何实现变径调节？（　　）

A. 采用变频控制柜　B. 改变叶片安装角度　C. 切削叶轮　　D. 改变出水流量

6.应用切削律，除应注意其切削限量以外，还应注意对于不同构造的叶轮切削时应采用不同的方式。如低比转数的叶轮，叶轮前盖板切削量（　　）后盖板切削量，高比转数的叶轮，叶轮前盖板切削量（　　）后盖板切削量。

A. 小于，大于　　　B. 大于，小于　　　C. 小于，等于　　　D. 等于，小于

7.某台离心泵装置的运行功率为 N，采用变径调节后流量减小，其功率变为 N'，则调节前后的功率关系为（　　）。

A. $N'<N$　　　　B. $N'=N$　　　　C. $N'>N$　　　　D. $N'\geqslant N$

8.（多选）下列说法正确的是（　　）。

A. 比例律为理论公式，切削律为经验公式

B. 比例律为经验公式，切削律为理论公式

C. 比例律和切削律均适用于等效率曲线上的两个点

D. 比例律和切削律均适用于改变工况前、后两个点

三、判断题

1. 对于不同构造的叶轮切削时，应采取不同的方式。对于低比转数的叶轮，切削量对叶轮前后两盖板和叶片都是一样的；对于高比转数离心泵叶轮，则切削量不同，后盖板的切削量应大于前盖板。　　　　　　　　　　　　　　　　　　　　　　　　　　　　（　　）

2. 离心泵叶轮切削后，其叶片的出水舌端就显得比较厚。如能沿叶片弧面在一定的长度内锉掉一层，则可改善叶轮的工作性能。　　　　　　　　　　　　　　　　　（　　）

3. 低比转数的离心泵的叶轮外径由 D_1 切削至 D_2 时，其流量 Q、扬程 H 与叶轮外径 D 之间的变化规律是切削律，其关系为 $(H_1/H_2)=(Q_1/Q_2)=(D_1/D_2)^2$。（　　）

4. 变径调节的原理是相似律，变速调节的原理是比例律。　　　　　　　（　　）

5. 泵叶轮的切削律认为，如果叶轮的切削量控制在一定限度内时，则切削前后泵相应的效率可视为不变。　　　　　　　　　　　　　　　　　　　　　　　　　　　（　　）

6. 在进行叶轮切削时，一般最多切两次。　　　　　　　　　　　　　　（　　）

7. 当水泵叶轮的转速确定后，叶轮直径越大其水泵扬程越高。　　　　　（　　）

四、名词解释

1. 变径调节

2. 切削抛物线

五、计算题

原有一台离心式水泵，叶轮直径为 268 mm，设计点参数为：Q=79 L/s，H=18 m，N=16.6 kW，η=84%。现将此叶轮切削成 250 mm，若认为此水泵效率不变，求切削后泵设计点的流量、扬程和功率各为多少？

参 考 答 案

一、填空题

1. ($Q'/Q = D'_2/D_2$)（$H'/H = (D'_2/D_2)^2$）（$N'/N = (D'_2/D_2)^3$）（$Q_1/Q_2=n_1/n_2$）（$H_1/H_2=(n_1/n_2)^2$）（$N_1/N_2=(n_1/n_2)^3$）

2. （符合切削律）

3. （切削抛物线）

二、选择题

1. D

2. A

3. A

4. A

5. C

6. D

7. A

8. AC

三、判断题

1. √

2. √

3. ×

4. ×

5. √

6. √

7. √

四、名词解释

1. 变径调节：把泵的原叶轮外径用车刀车小从而改变泵性能的方法。

2. 切削抛物线：凡是满足切削律的任何工况点，都分布在 $H=KQ^2$ 的那条抛物线，称为切削抛物线。

五、计算题

【解】

根据切削律有：

$$Q' = \frac{D_2'}{D_2}Q = \frac{250}{268} \times 79 \approx 73.7 \text{（L/s）}$$

$$H' = \left(\frac{D_2'}{D_2}\right)^2 Q = \left(\frac{250}{268}\right)^2 \times 18 \approx 15.7 \text{（m）}$$

$$N' = \left(\frac{D_2'}{D_2}\right)^3 Q = \left(\frac{250}{268}\right)^3 \times 16.6 \approx 13.5 \text{（kW）}$$

2.10 离心泵并联及串联运行工况

知识要点

1. 离心泵并联工作

（1）定义：多台泵联合运行，通过联络管共同向管网或高位水池输水的情况。

（2）特点：

①增加供水量，输水干管中的流量等于各并联水泵出水量之和。

②通过开停水泵台数调节泵站的流量和扬程，以达到节能和安全供水的目的。

③提高泵站运行调度的灵活性和供水的可靠性。

2. 离心泵并联的可能性

（1）两台并联的离心泵型号相同——完全并联。

离心泵并联后的特性曲线为：等扬程下，流量叠加（即横加法）。

（2）两台不同型号离心泵并联（扬程范围较接近）——局部并联。

只有在小泵的最高扬程对应点之下，两台水泵才能并联。

（3）两台不同型号离心泵并联（扬程范围相差较大，大泵最小扬程比小泵最大扬程还大）。

这样两台泵不能进行并联，如果并联会使小泵送不出水，水将通过小泵回流到吸水池。

3. 图解法确定离心泵并联的工况点

（1）同型号、同水位的两台水泵的并联工作（图2.18）。

①步骤：

a. 绘制两台水泵并联后的等价泵特性曲线 $(Q\text{-}H)_{1+2}$。

b. 绘制管路系统特性曲线。

$$H = H_{ST} + \sum h_{AO} + \sum h_{OG} = H_{ST} + S_{AO}Q_1^2 + S_{OG}Q_{1+2}^2 = H_{ST} + \left(\frac{1}{4}S_{AO} + S_{OG}\right)Q_{1+2}^2$$

等价泵特性曲线与管路系统特性曲线交点 M 为并联工况点。

c. 求每台泵的工况点 N。

过 M 点平行线交单泵特性曲线 $(Q\text{-}H)_{1,2}$ 于 N 点，N 点即为单泵工况点。同理得到每台泵的功率和效率。

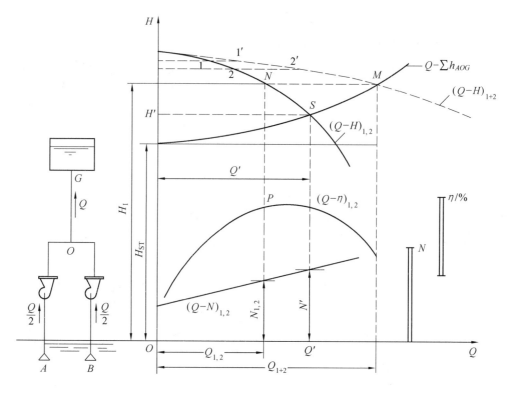

图 2.18 同型号、同水位对称布置的两台水泵并联

②结论：

a. $N' > N_{1,2}$，因此，在选配电动机时，要根据单台泵单独工作的功率来配套。

b. $Q' > Q_{1,2}$，$2Q' > Q_{1+2}$，即两台泵并联工作时，其流量不能比单泵工作时成倍增加。

c. 如果所选的泵以单独运行为主，那么并联工作时要考虑到各单泵的流量是会减少的、扬程是会提高的。

如果选泵时是着眼于各泵经常并联运行,则应注意到,各泵单独运行时,相应的流量将会增大,轴功率也会增大。

(2) 不同型号的两台水泵在相同水位下的并联工作(图 2.19)。

①步骤:(由于两台水泵型号不同,则它们扬程不同,不能直接采用"横加法",须"折引")。

a. 绘制两台水泵折引至 B 点的 $(Q-H)_{\text{I}}$、$(Q-H)_{\text{II}}$ 特性曲线。

$(Q-H)_{\text{I}}$ 减去 AB 段的水头损失得 $(Q-H)'_{\text{I}}$,$(Q-H)_{\text{II}}$ 减去 CB 段的水头损失得 $(Q-H)'_{\text{II}}$。

b. 绘制两台水泵折引至 B 点并联后的等价泵特性曲线 $(Q-H)'_{\text{I}+\text{II}}$。

曲线 $(Q-H)'_{\text{I}}$ 与 $(Q-H)'_{\text{II}}$ 进行横加。

c. 绘制 BD 段管路系统特性曲线 $(Q-\sum h_{BD})$。

$$H = H_{\text{ST}} + SQ_{BD}^2$$

$H = H_{\text{ST}} + SQ_{BD}^2$ 与 $(Q-H)'_{\text{I, II}}$ 的交点 P 为并联工况点,Q_P 为两台水泵的总流量。

d. 求每台水泵的工况点(Q_{I}、Q_{II} 分别为泵 I 和泵 II 的流量)。

e. 并联机组的总轴功率:$N_{\text{I}+\text{II}} = N_{\text{I}} + N_{\text{II}}$;并联机组的总效率:$\eta_{1+2} = \dfrac{\rho g Q_{\text{I}} H_{\text{I}} + \rho g Q_{\text{II}} H_{\text{II}}}{N_{\text{I}} + N_{\text{II}}}$。

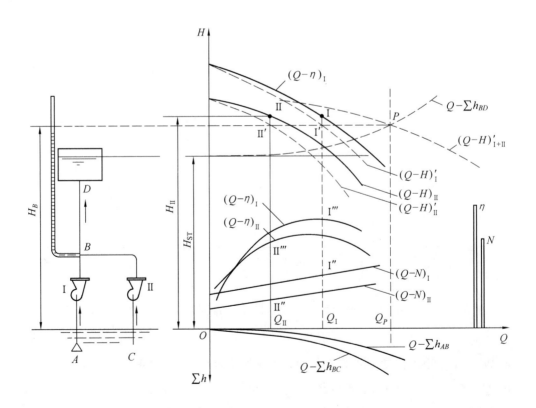

图 2.19 不同型号、相同水位下两台水泵并联

（3）两台同型号泵并联工作，其中一台为调速泵，另一台为定速泵（图 2.20）。

①问题 1：调速泵的转速与定速泵的转速均为已知，试求二台水泵并联运行时的工况点。其工况点的求解可按不同型号的两台水泵在相同水位下的并联工作所述求得，解法同前。

②问题 2：两台泵总供水量为 Q_P（H_P 为未知值），试求调速泵的转速值 n_I（即求调速值）。

a. 画出两台水泵在额定转速 n_{I0} 时的特性曲线 $(Q–H)'_{I,II}$，减去相应的 BC 段水头损失 $h = S_{BC}Q^2$，得水泵折引至 B 点的特性曲线 $(Q–H)'_{II}$。

b. 画出 $Q-\sum h_{BD}$ 管路系统特性曲线 $H = H_{ST} + S_{BD}Q^2$，其与 $Q=Q_P$ 相交得到 P 点（Q_P，H_P）。

c. 求定速泵的工况点，即 $H=H_P$ 与 $(Q-H)'_{II}$ 的交点 H，向上引垂线与 $(Q-H)_{I,II}$ 的交点 J（Q_{II}，H_{II}）。

d. 调速泵的流量 $Q_I=Q_P-Q_{II}$，调速泵的扬程 $H_I = H_B + S_{AB}Q_I^2$，在图上得点 $M(Q_I, H_I)$。

e. 按 $\dfrac{H_1}{Q_1^2} = k$ 求得 k 值，求通过 $M(Q_I, H_I)$ 点的等效率曲线 $H = kQ^2$，等效率曲线 $H = kQ^2$ 与原定速泵 $(Q-H)_{I,II}$ 曲线交于点 T，T 点的流量为 Q_T。

f. 调速后的转速值为 $n_I = n_{I0}\left(\dfrac{Q_I}{Q_T}\right)$。

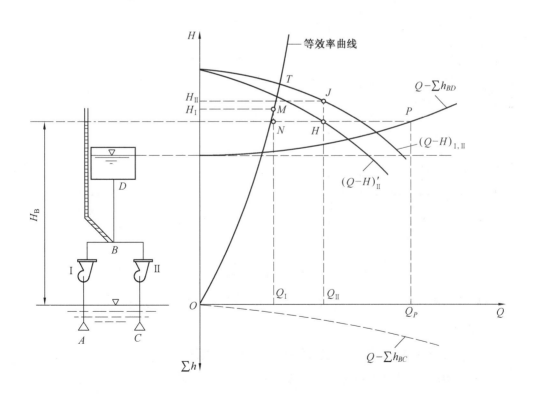

图 2.20　一调一定泵并联工作

(4) 一台水泵向两个并联工作的高位水池输水。

① B 点测压管水面高于水池 D 内水面（即一台水泵向两个水池供水）（图 2.21）。

a. 供给方：水泵，其特性曲线为 Q-H，减去 AB 段对应的水头损失得水泵折引至 B 点的特性曲线 $(Q$-$H)'$。

b. 需求方：两水池及管路系统。

管路 BD 的管道特性曲线：$H = H_D + S_{BD}Q_{BD}^2$。

管路 BC 的管道特性曲线：$H = H_C + S_{BC}Q_{BC}^2$。

两曲线横加：得到 $(Q\text{-}\sum h)_{BC+BD}$ 曲线。

供需平衡点：泵在 B 点的折引特性曲线 $(Q$-$H)'$ 与 $(Q\text{-}\sum h)_{BC+BD}$ 相交于 M 点，由 M 点向上引垂线与 Q-H 曲线相交于 M' 点，M' 点即为泵工况点。

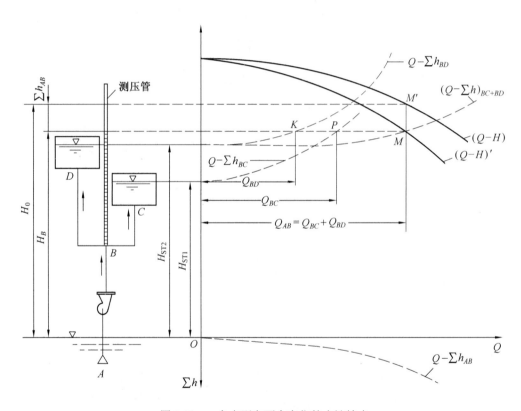

图 2.21 一台水泵向两个高位的水池输水

② 测压管内水面低于水池 D 内水面（即水泵与水池 D 联合向水池 C 供水）（图 2.22）。

a. 供给方：

水泵：Q-$H \Rightarrow$ 减去 AB 段水头损失的折引 $(Q$-$H)'$ 曲线。

水池 D：BD 管段的管路系统特性曲线：$H = H_D - S_{BD}Q_{BD}^2$。

两曲线横加得到：总和 $(Q$-$H)$ 曲线。

b. 需求方：

水池 C：BC 管段的管路系统特性曲线：$H = H_C + S_{BC}Q_{BC}^2$。

供需平衡点：即 $H = H_C + S_{BC}Q_{BC}^2$ 与总和 Q-H 的交点 M，过 M 点引水平线与 (Q-H)' 曲线交于 P 点，由 P 点向上引垂线与 Q-H 曲线交于 P'点，P'为水泵工况点。

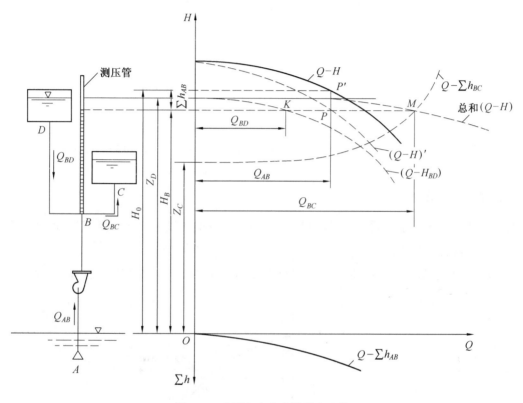

图 2.22 水泵与高位水池联合工作

3. 并联工作中调速泵台数的确定

多台水泵并联工作时，调速泵与定速泵配置台数比例的选定应以每台调速泵在调速运行时仍能在较高效率范围内运行为原则。

如果有 3 台同型号水泵并联工作（图 2.23）。

（1）$Q_2 < Q_A < Q_3$ 时。

①供水量 Q_A 接近 Q_3，两定一调。

②供水量 Q_A 接近 Q_2，一定两调。

（2）$Q_A < Q_2$ 时。

①供水量 Q_A 接近 Q_2，一定一调。

②供水量 Q_A 接近 Q_1，两调。

（3）$Q_A > Q_3$ 时，两调两定。

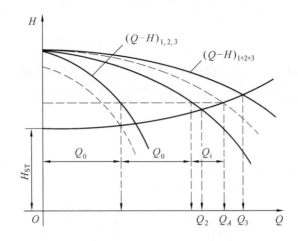

图 2.23 三台同型号水泵并联调速

（Q_0—定速泵流量；Q_i—调速泵流量；$(Q-H)_{1,2,3}$—三台同型号泵的单台泵特性曲线；

$(Q-H)_{1+2+3}$—三台泵并联后的特性曲线）

4. 离心泵串联工作

（1）特点：各水泵串联工作时，其总和 $(Q-H)$ 性能曲线等于同一流量下扬程的叠加。

（2）工况点的确定。

如图 2.24 所示，A 点为串联工况点（Q_A，H_A），B 点为 1 号泵串联时的工况点，C 点为 2 号泵串联时的工况点。

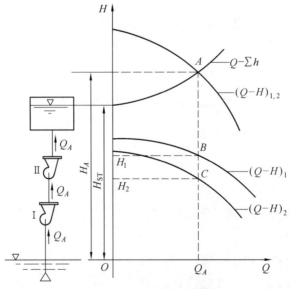

图 2.24 水泵串联工作

（3）注意：

①两台串联水泵的设计流量必须是接近的，否则就不能保证其在高效段运行，可能引起较小的泵轴功率增大，其电动机可能过载，容量大的泵不能发挥作用。

②串联在后面的水泵必须坚固，否则会引起损坏。

③不同型号的水泵串联时,流量大的泵必须放在第一级向小泵供水。

习 题

一、填空题

1. 改变水泵本身的特性曲线以改变离心泵装置工况点的主要方式包括_____、_____、_____三种。

2. 两台同型号水泵对称并联工作时,若总流量为 Q_M,每台水泵的流量为 Q_I（$=Q_{II}$）,那么 Q_M _____ $2Q_I$；若两台水泵中只有一台水泵运行时的流量为 Q,则 Q_M 与 Q 的关系为 Q_M _____ Q, Q_I 与 Q 的关系为 Q_I _____ Q。

3. 等扬程下流量叠加的原理称为_____。

二、选择题

1. 两台型号相同的水泵并联工作出水量是单泵工作出水量的（　　）。

A. 2 倍　　　　　　B. 2 倍以上　　　　C. 1～2 倍之间　　　D. 1.5 倍

2. 水泵并联后（　　）。

A. 其总流量是每台泵单独工作时流量的总和

B. 对于单泵,并联后其流量大于其单独工作时流量

C. 对于单泵,并联后其流量小于其单独工作时流量

D. 并联后总流量是单泵单独工作时流量的 2 倍

3. 两台离心式水泵串联工作,串联泵的设计流量应是接近的,否则就不能保证两台泵在高效率下运行,有可能引起较小的泵产生超负荷,容量大的泵（　　）。

A. 不能发挥作用　　B. 转速过低　　　　C. 流量过大　　　　D. 扬程太低

4. 同型号、同水位的两台水泵并联,选泵时,单泵工况点应选在高效段靠_____,因为并联后工况会_____移。（　　）

A. 右,左　　　　　B. 左,左　　　　　C. 右,右　　　　　D. 左,右

5. 若干台同型号水泵并联工作,泵站要求供水量为 Q_A。当 $Q_2 < Q_A < Q_3$ 且接近 Q_3 时,可以采用的调速方案为（　　）。

A. 两定两调　　　　B. 两定一调　　　　C. 一定两调　　　　D. 一定一调

6. 两台离心式水泵串联工作,串联泵的设计流量应是接近的,否则就不能保证两台水泵在高效率下运行,较大泵的容量不能充分发挥作用,或较小泵容易产生（　　）。

A. 功率过高　　　　B. 转速过高　　　　C. 流量过小　　　　D. 扬程过高

7. 同型号、同水位的两台水泵并联,单泵工作时的功率___并联工作时各单泵的功率,单泵工作时的流量___并联工作时各单泵的流量。（　　）

A. 大于,大于　　　B. 大于,小于　　　C. 小于,大于　　　D. 小于,小于

8. 高位水池与水泵联合向低位水池供水时,高位水池与水泵之间是( )关系。
   A. 并联　　　　　B. 串联　　　　　C. 混联　　　　　D. 不一定

9. 同型号、同水位的两台水泵并联工作时,以下说法正确的是:( )。
   A. 等流量下扬程为单泵的两倍　　　　B. 工况点是单泵工作时工况点的两倍
   C. 等扬程下流量为单泵的两倍　　　　D. 轴功率是单泵工作时轴功率的两倍

10. (多选)水泵并联工作的目的是( )。
    A. 可增加供水量　　　　　　　　　　B. 可增加扬程
    C. 可调节流量和扬程　　　　　　　　D. 可提高供水可靠性

11. (多选)下列哪项属于水泵并联工作的优点( )。
    A. 供水更可靠,当并联工作水泵中一台损坏时,其他的水泵仍可以继续供水
    B. 可以减小输水干管中的水头损失以节能
    C. 可以增加供水量
    D. 通过开停水泵的台数来调节泵站流量和扬程,可达到节能和安全供水的目的

三、判断题

1. 一般而言,一台水泵单独工作时的出水量大于其参加并联工作时的出水量。( )
2. 并联的目的是提高水泵的扬程,水泵串联的目的是增加水泵的流量。( )
3. 在选择串联工作的水泵时,应特别注意各泵的扬程应接近。( )
4. 同型号水泵并联后单泵的出水量减少,而扬程增加、功率增加、效率不变、总的流量增加。( )
5. 12Sh-9 型泵与 20Sh-9 型泵不可以并联。( )
6. 在绘制水泵并联性能曲线时用的是等扬程下流量相加的方法,当两台同型号水泵并联工作时,其流量为单台泵工作时的两倍。( )
7. 水泵串联输水提高了泵站运行调度的灵活性和供水的可靠性。( )
8. 如果有 3 台同型号水泵并联工作,供水量为 Q_A。当 $Q_2 < Q_A < Q_3$ 且 Q_A 接近 Q_2 时,应采用一定两调方案。( )

四、作图题

用图解法求同型号、同水源水位、管路对称布置的两台水泵并联工作时的:
(1)并联工况点。(2)各水泵工况点(要求简述作图步骤)。

参 考 答 案

一、填空题

1. (调速)(切削叶轮)(串并联水泵)
2. (=)(>)(<)

3.（横加法）

二、选择题

1. C

2. C

3. A

4. A

5. B

6. A

7. A

8. A

9. C

10. ACD

11. ACD

三、判断题

1. √

2. ×

3. ×

4. ×

5. ×

6. ×

7. ×

8. √

四、作图题

1. 答：（图略）

（1）①按"等扬程下，流量叠加"原理绘两台水泵并联$(Q \sim H)_{I+II}$曲线；

②因两台水泵水源水位相同且管路对称布置，则从各自吸水管端到汇集点水头损失亦相等，故水泵吸压水管路所需的扬程相等。根据 $H_{并}=H_{ST}+S_{AO}Q_I^2+S_{OG}Q_{I+II}^2=H_{ST}+S_{BO}Q_{II}^2+S_{OG}Q_{I+II}^2=H_{ST}+(1/4S_{AO}+S_{OG})Q_{I+II}^2$（$\because Q_{I+II}=2Q_I=2Q_{II}$），绘出管路系统特性曲线 $Q-H_{ST}$。

③以上两条曲线交点 $M(Q_{I+II}, H_{并})$ 则为两台水泵并联工作的工况点，其所对应的并联机组的总轴功率 $N_{并}=N_I+N_{II}$，总效率 $\eta_{并}=(\rho g Q_I H_I+\rho g Q_{II} H_{II})/(N_I+N_{II})$。

（2）自 M 点引水平线与 $(Q \sim H)_{I,II}$ 交于 $N(Q_{I,II}, H_{并,I,II})$ 点，即为两台水泵并联时的单泵工况点。自 N 点向下引垂线分别交 $Q-\eta$ 和 $Q-N$ 曲线于 S、P 点，即得并联工作时各单泵工作的效率点、轴功率点。

2.11 离心泵吸水性能

知识要点

1. 吸水管及泵入口中压力的变化及计算

吸水管及泵入口中压力变化如图 2.25 所示。

$$\frac{p_a}{\rho g} - \frac{p_k}{\rho g} = \left(H_{ss} + \frac{v_1^2}{2g} + \sum h_s \right) + \frac{C_0^2 - v_1^2}{2g} + \lambda \frac{W_0^2}{2g}$$

式中 H_{ss}——吸水地形高度，即安装高度，m；

$\dfrac{p_a}{\rho g}$、$\dfrac{p_k}{\rho g}$——吸水池水面、靠近吸水口的断面 K 点的断面压力（以绝对压力计），mH_2O；

$\sum h_s$——吸水管的水头损失，m；

C_0、W_0——叶片入口稍前处 0—0 断面的绝对速度、相对速度，m/s；

λ——绕流系数。

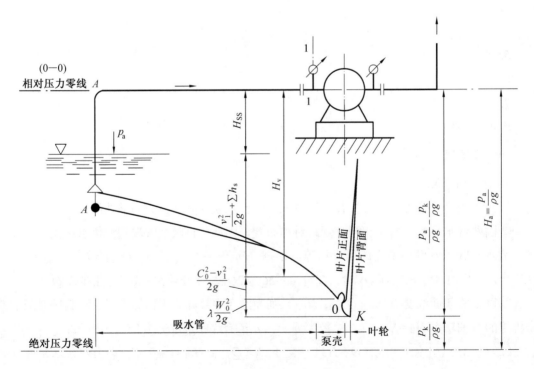

图 2.25 吸水管及泵入口中压力变化

水泵吸水过程中压力发生变化，压力一部分消耗在泵外，另一部分消耗在泵内。

上式的物理意义是：吸水池水面上的压头 $\dfrac{p_a}{\rho g}$ 和泵壳内最低压头 $\dfrac{p_k}{\rho g}$ 之差用来完成以下工作：

（1）把液体提升 H_{ss} 高度。

（2）克服吸水管中水头损失 $\sum h_s$。

（3）流速水头 $\dfrac{v_1^2}{2g}$。

（4）产生流速水头差值 $\dfrac{C_0^2 - v_1^2}{2g}$。

（5）供应叶片背面 K 点压力下降值 $\lambda \dfrac{W_0^2}{2g}$。

2. 气穴和气蚀

（1）现象。

离心泵的气穴和气蚀由水的汽化引起，所谓的汽化就是由液态转化为气态的过程。水的汽化与温度、压力有一定的关系，当外界的压力小于当时温度下的饱和蒸汽压 p_{va} 时，水就开始沸腾。水的饱和蒸汽压就是在一定的温度下防止水汽化的最小压力。

离心泵叶轮中最低点（K）压力降低到 p_{va} 时，水的汽化引起气泡的发生和溃灭，泵壳内即发生气穴现象。气穴现象随后造成过流部件损坏的全过程称为气蚀，气蚀是气穴现象侵蚀材料的结果。

水的这种汽化现象将随泵壳内压力的继续下降以及水温的提高而加剧。当叶轮进口低压区的压力 $p_k \leqslant p_{va}$ 时，水大量汽化，同时原先溶解在水中的气体也自动逸出，出现"冷沸"现象。

（2）危害。

①产生噪音和振动，缩短机组的使用寿命。②使泵的扬程、功率等性能下降。③引起过流部件损坏。

3. 泵最大安装高度

（1）列 0—0 断面与 1—1 断面能量方程（图 2.26）。

$$\dfrac{p_a - p_1}{\rho g} = H_{ss} + \dfrac{v_1^2}{2g} + \sum h_s$$

其中，$\dfrac{p_a - p_1}{\rho g} = H_v$ 为水泵吸入口真空表读值（mH_2O），即

$$H_v = H_{ss} + \dfrac{v_1^2}{2g} + \sum h_s$$

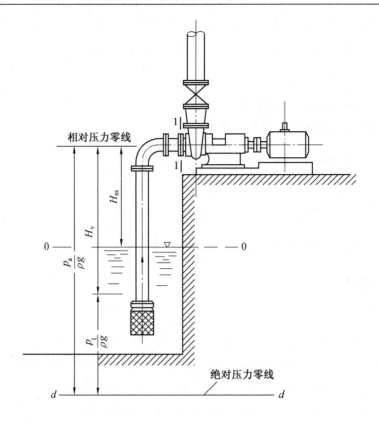

图 2.26 离心泵吸水装置

（2）离心泵的允许吸上真空高度 H_s 是式中 H_v 的最大极限值。因此，离心泵在运行时，水泵入口处的真空度绝不应超过样本中给出的 H_s 值。离心泵的 Q-H_s 曲线就是表示离心泵吸水性能的曲线。

离心泵在安装时，应根据 H_s 计算水泵的几何安装高度 H_{ss}：

$$H_{ss} = H_s - \frac{v_1^2}{2g} - \sum h_s$$

（3）讨论。

离心泵 H_s 与当地的大气压（p_a）及抽水的温度（t）有关，因此在使用样本中 H_s 计算 H_{ss} 时必须注意：

①当地的大气压越低，H_s 值将越小。

②如抽升的水温（t）越高，水泵吸入口所需的绝对压力 p_1 就越大。随 t 增大，H_s 减小。

③如离心泵安装地点的大气压 h_a 不是 10.3 mH₂O 时或水温是 t 不是 20 ℃时，则 H_s 值应做如下修正：

$$H_s' = H_s - (10.3 - h_a) - (h_{va} - 0.24)$$

$$H_{ss} = H'_s - \frac{v_1^2}{2g} - \sum h_s$$

式中　h_a——吸水井表面大气压，$h_a = \dfrac{p_a}{\rho g}$，$mH_2O$；

h_{va}——实际温度下的饱和蒸汽压力，$h_{va} = \dfrac{p_{va}}{\rho g}$，$mH_2O$；

H_s——水泵厂给定的允许吸上真空高度，m；

H'_s——修正后采用的允许吸上真空高度，m。

4. 气蚀余量（NPSH）

（1）气蚀余量：在水泵进口处受单位重力作用的液体所具有的超过该工作温度时汽化压力的富裕能量，用 mH_2O 表示。

离心泵一般用允许吸上真空高度来表示吸水性能，允许吸上真空高度越大说明吸水性能越好。轴流泵一般用气蚀余量来表示吸水性能，气蚀余量越小说明吸水性能越好。

（2）气蚀余量与真空度的关系。

$$\text{NPSH}_a + H_s = (h_a - h_{va}) + \frac{v_1^2}{2g}$$

式中　NPSH_a——装置气蚀余量（或称有效气蚀余量）。

工程中防止气蚀的根本方法是使 NPSH_a 大于必要的 NPSH_r（NPSH_r 为必要气蚀余量，出于安全考虑，在实际工程中，往往要求 $\text{NPSH}_a \geqslant \text{NPSH}_r + (0.4 \sim 0.6)\,mH_2O$）。

叶片泵的吸水性能只受进水情况的影响，而与出水条件无关。

习　题

一、填空题

1. 允许吸上真空度 H_s 是水泵在标准状况（即，水温_____℃，表面压力为_____个标准大气压）运行时，水泵所允许的_____换算成的水柱高度。

2. 水泵的气蚀余量要求在水泵的_____部位，受单位重力作用的水流所具有的总能量必须大于水的_____比能。

3. 水泵的允许吸上真空高度 H_s 反映离心泵的_____性能。

4. 气蚀危害有_____、_____、_____。

二、选择题

1. （多选）叶片泵的允许吸上真空高度（　　）。

    A. 与当地大气压有关　　　　　　　B. 与水温有关

    C. 与管路布置有关　　　　　　　　D. 与水泵构造有关

    E. 与流量有关

2. （多选）水泵装置汽蚀余量（　　）。

    A. 与当地大气压有关　　　　　　　B. 与水温有关

    C. 与管路布置有关　　　　　　　　D. 与水泵型号有关

    E. 与通过流量有关

3. 泵气蚀余量是指在水泵进口处受单位重力作用的液体所具有的超过该工作温度时汽化压力的（　　），用 mH_2O 表示。

    A. 吸水高度　　　B. 富余能量　　　C. 饱和蒸汽压力　　　D. 水的温度差

4. 在确定水泵的安装高度时，利用水泵允许吸上真空高度 H_s，此 H_s 为水泵进口真空表 H_v 的最大极限值，在实用中水泵的（　　）值时，就意味水泵有可能产生气蚀。

    A. $H_v = H_s$　　　B. $H_v < H_s$　　　C. $H_v > H_s$　　　D. $H_v = H_s/2$

5. 当水泵站其他吸水条件不变时，随当地海拔的增高水泵的允许安装高度（　　）。

    A. 将下降　　　B. 将提高　　　C. 保持不变　　　D. 不一定

6. 水泵叶轮中最低压力 p_k，如果降低到被抽升液体工作温度下的饱和蒸汽压力（也就是汽化压力）p_{va} 时，泵内液体即发生气穴现象，由于气穴导致的过流部件表面变形材料剥蚀现象称为（　　）。

    A. 汽化　　　B. 真空　　　C. 沸腾现象　　　D. 气蚀

7. 水泵气穴和气蚀的危害主要是产生噪声和振动，（　　），引起材料的破坏，缩短水泵使用寿命。

    A. 性能下降　　　B. 转速降低　　　C. 流量不稳　　　D. 轴功率增加

8. 泵实际使用时的气蚀量 $NPSH_a$ 应比泵厂要求的必要气蚀余量 $NPSH_r$（　　）。

    A. 大 0.4~0.6 mH_2O　　B. 小 0.4~0.6 mH_2O　　C. 大 0.4~0.6 MPa　　D. 小 0.4~0.6 MPa

9. 我国的离心泵常用的气蚀性能参数是（　　）。

    A. 允许汽蚀余量　　　　　　　　　B. 装置汽蚀余量

    C. 必需汽蚀余量　　　　　　　　　D. 允许吸上真空高度

10. 当水泵增速运行时，其抗气蚀性能将（　　）。

    A. 减弱　　　B. 增强　　　C. 不变　　　D. 不确定

11. 如果离心泵运行时水泵进口的真空表读数不大于水泵样本给出的 H_s 值，则该泵（　　）会发生气蚀。

    A. 一定　　　　　　　　　　　　　B. 一定不

C. 不一定 D. 若在标准状况下运行则一定

12. 当真空度过大时,以下哪种方法不能用来防止气蚀?（　　）

A. 关小出水阀门 B. 减少吸水管弯头数

C. 对吸水池减压 D. 放大吸水管管径

13. 允许吸上真空高度与气蚀余量均是反映离心泵的（　　）。

A. 安装难易程度 B. 吸水能力

C. 吸水地形高度 D. 泵轴至水塔的最高水位的垂直高度

14. 当水泵站其他吸水条件不变时,随输送水温的增高水泵的允许安装高度（　　）。

A. 将增大 B. 将减小 C. 保持不变 D. 不一定

15. 下列参数中,（　　）不能用来衡量水泵的吸水性能。

A. 允许吸上真空高度 B. 气蚀余量 C. NPSH D. 安装高度

16. 用阀门节流不能用吸水管路阀门调节流量,因为增加局部损失的结果可能会出现（　　）。

A. 安装高度减小 B. 局部阻力加大 C. 气穴引起气蚀 D. 吸水量减少

三、判断题

1. 离心泵的允许吸上真空高度 H_s 是决定水泵安装高度 H_{ss} 的重要依据。（　　）

2. 工程中防止气蚀的根本方法是使实际气蚀余量小于必要气蚀余量。（　　）

3. 允许吸上真空高度和气蚀余量两者是从一种角度来反映泵吸水性能好坏的参数。（　　）

4. 离心泵的吸水性能与当地大气压、抽送的水温及吸水管路的布置都有关。（　　）

5. 气蚀余量是指水泵出口处受单位重力作用的液体所具有的超过饱和蒸汽压力的富裕能量。（　　）

6. 正在正常工作的离心泵,吸水管路一旦出现漏气,易发生气蚀现象。（　　）

7. 水泵安装位置过高,水体温度过高,压水管路的水头损失过大,均易导致气蚀破坏的发生。（　　）

8. 当水泵站的其他吸水条件不变时,随当地海拔高度升高,水泵的允许安装高度将上升。（　　）

9. 当离心泵的 $NPSH_a > NPSH_r$ 时,泵一定产生气蚀。（　　）

10. 允许吸上真空高度大的水泵,它的安装高度一定就大。（　　）

11. 当大气压越低,泵的允许吸上真空高度（H_s）值就越大。（　　）

12. 离心泵的允许吸上真空高度越大,其气蚀余量就越大。（　　）

13. 离心泵由吸水管端到叶轮叶片背水面近吸水口处,绝对压力和相对压力均逐渐减小至最低。（　　）

四、名词解释

1. 气穴和气蚀

2. "冷沸"现象

3. 水的饱和蒸汽压力

五、计算题

1. 已知某离心泵铭牌参数为 Q=220 L/s，H_s=4.5 m，若将其安装在海拔 1 000 m 的地方，抽送 40 ℃的温水，试计算其在相应流量下的允许吸上真空高度 H'。（海拔为 1 000 m 时，h_a=9.2 mH$_2$O；水温为 40 ℃时，h_{va}=0.75 mH$_2$O）

2. 一台 12Sh-19A 型离心泵，流量为 220 L/s 时，在水泵样本中的 Q-H_s 曲线查得：其允许吸上真空高度 H_s=4.5。泵进水口直径为 300 mm，吸水管从喇叭口到水泵进水口水头损失为 1.0 m。当地海拔为 7 m，水温为 35 ℃，试计算其安装高度 H_{ss}。（海拔为 7 m 时，$\dfrac{p_a}{\rho g}$=10.32 mH$_2$O；水温为 35 ℃时，h_{va}=0.59 mH$_2$O）

参 考 答 案

一、填空题

1.（20）（1）（最大吸上真空值）

2.（进口）（饱和蒸汽压力）

3.（吸水）

4.（产生噪音和振动，缩短机组的使用寿命）（使泵的扬程、功率等性能下降）（引起过流部件损坏）

二、选择题

1. ABDE

2. ABCE

3. B

4. C

5. A

6. D

7. A

8. A

9. D

10. A

11. C

12. C

13. B

14. B

15. D

16. C

三、判断题

1. √
2. ×
3. ×
4. √
5. √
6. ×
7. ×
8. ×
9. ×
10. ×
11. ×
12. ×
13. ×

四、名词解释

1. 气穴和气蚀：离心泵叶轮中最低点（K）压力降低到 p_{va} 时，水的汽化引起气泡的发生和溃灭，泵壳内即发生气穴现象。气穴现象随后造成过流部件损坏的全过程称为气蚀，气蚀是气穴现象侵蚀材料的结果。

2. "冷沸"现象：当叶轮进口低压区的压力 $p_k \leq p_{va}$ 时，水大量汽化，同时，原先溶解在水中的气体也自动逸出，出现"冷沸"现象。

3. 水的饱和蒸汽压力：在一定温度下，防止水汽化的最小压力。

五、计算题

1. 解：$H'_s = H_s - (10.33 - h_a) - (h_{va} - 0.24) = 4.5 - (10.33 - 9.2) - (0.75 - 0.24) = 2.86$（m）

2. 解：据 $H_{ss} = H'_s - v_1^2/2g - \sum h_s$

   其中，$H'_s = H_s - (10.33 - h_a) - (h_{va} - 0.24)$
   $= 4.5 - (10.33 - 10.32) - (0.59 - 0.24) = 4.14$（m）

   $v_1 = Q/A = 220 \times 10^{-3} / [0.25\pi \times (3.0 \times 10^{-3})^2] \approx 3.11$（m/s）

   $v_1^2/2g \approx 0.5$（m）

$\sum h_s = 1.0$ (m)

可得 $H_{ss} = 4.14 - 0.5 - 1.0 = 2.64$ (m)

2.12 离心泵机组的使用与维护

知识要点

1. 离心泵机组安装要求

稳定；整体；位置与标高要准确；对中与整平。

2. 离心泵机组运行步骤

（1）启动。

①检查：检查螺栓、轴承、出水阀、压力表、真空表和供配电设备。

②盘车：用手转动机组的联轴器，凭经验感觉其转动的轻重是否均匀，有无异常声响。

③灌泵或引水排气：启动前，向泵及吸水管中充水，以便启动后能在泵入口处造成抽吸液体所必需的真空值。在大型水泵机组中，由于底阀带来较大的水力损失，从而消耗电能，加之底阀容易发生故障，所以一般泵站的水泵常常采用真空泵抽真空启动。要求启动快的大型水泵，宜采用自灌充水。非自灌充水水泵的引水时间不宜超过 5 min。

④关闭压水管闸阀：闭闸运行时间一般不应超过 3 min，如时间太长，则泵内液体发热，会造成事故。

⑤启动离心泵：待离心泵转速稳定后，打开真空表与压力表上的阀，泵上压后，逐渐打开压力闸阀。此时，压力表读数应逐渐下降，真空表读数逐渐增加。

（2）运行。

①检查各个仪表工作是否正常、稳定。

②检查流量计上指示数是否正常。

③检查填料盒处是否发热、滴水是否正常。

④检查泵与电动机的轴承和机壳温升。

⑤注意油环，要让它自由地随同泵轴做不同步的转动。随时听机组声响是否正常。

⑥定期记录泵的流量、扬程、电流、电压、功率因素等有关技术数据。

运行中要掌握"看、听、摸、嗅"。

（3）停车。

离心泵的停车应先关闭出水闸阀，实行闭闸停车。然后，关闭真空表及压力表上的阀门，把泵和电动机表面的水和油擦净。

（4）泵的故障和排除。

习 题

一、填空题

1. 离心泵的启动前一般应按以下程序进行：①检查；②盘车；③灌泵或引水排气；④_____；⑤启动离心泵。

2. 离心泵通常采用_____启动，_____停车。

二、选择题

1. 泵的启动方式：（　　）。

   A. 叶片泵宜闭闸启动

   B. 叶片泵宜开闸启动

   C. 离心泵宜开闸启动，轴流泵和旋涡泵宜闭闸启动

   D. 离心泵宜闭闸启动，轴流泵宜开闸启动

2. 离心泵启动前的程序，除了盘车、灌泵或引水排气，还应包括（　　）等。

   A. 测试水温　　　　　　　　B. 检查仪表和关闭压水管闸阀

   C. 检查轴承　　　　　　　　D. 测量安装高度

3. 在大型水泵机组中，由于底阀带来较大的水力损失，从而消耗电能，加之底阀容易发生故障，所以一般泵站的水泵常常采用（　　）启动。

   A. 真空泵抽真空　　B. 灌水方法　　C. 人工　　D. 快速启动法

4. 要求启动快的大型水泵，宜采用自灌充水。非自灌充水水泵的引水时间，不宜超过（　　）min。

   A. 5　　　　　　B. 6　　　　　　C. 3　　　　　　D. 2

5. （多选）离心泵启动前应做的准备工作有：（　　）。

   A. 检查　　B. 盘车　　C. 灌泵　　D. 关闸　　E. 开闸

三、判断题

1. 离心泵启动时应首先打开出水闸阀，然后合上电源开关启动电机。（　　）

2. 离心泵启动前的准备工作是指盘车和灌泵。（　　）

3. 在离心泵的启动阶段，泵启动后，当打开出水阀门送水时，水泵吸水管路的真空表读数将减小。（　　）

4. 在水泵的启动过程中，离心泵通常采用"闭闸启动"。（　　）

四、名词解释

1. 盘车

2. 灌泵

参 考 答 案

一、填空题

1.（关闭压水管闸阀）

2.（闭闸）（闭闸）

二、选择题

1. D

2. B

3. A

4. A

5. ABCD

三、判断题

1. ×

2. ×

3. ×

4. √

四、名词解释

1. 盘车：用手转动机组的联轴器，凭经验感觉其转动的轻重是否均匀，有无异常声响。

2. 灌泵：启动前，向泵及吸水管中充水，以便启动后能在泵入口处造成抽吸液体所必需的真空值。

2.13 轴流泵及混流泵

知识要点

1.轴流泵

（1）定义：水流进叶轮和流出导叶都是沿轴向的泵称为轴流泵。

（2）主要构造（图 2.27 为立式轴流泵工作示意）。

在轴流泵的叶轮上安装着 3~6 个扭曲形叶片，叶轮上部装有固定不动的导轮，其上有导水叶片，下方为进水喇叭管。当叶轮旋转时，水获得能量经导水叶片流出。

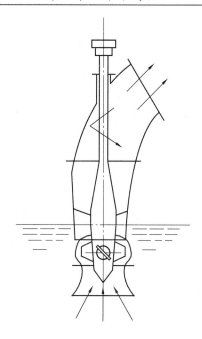

图 2.27 立式轴流泵工作示意

(3) 按调节方式分为：固定式、半调式、全调式。

(4) 工作原理：轴流泵以空气动力学中机翼升力理论为基础，叶片与机翼具有相似的截面，一般称这类叶片为翼形叶片。

(5) 性能特点。

轴流泵特性曲线如图 2.28 所示。

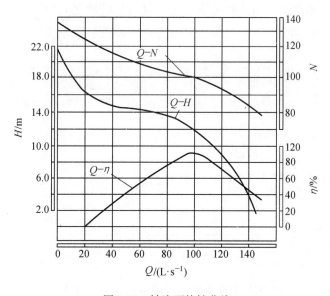

图 2.28 轴流泵特性曲线

① n_s 大，Q 大，H 小。

② $Q-H$ 曲线是陡降的，并有拐点。$Q=0$ 时，H 最大，为设计工况点扬程的 1.5～2.0 倍，所以在较小的流量下工作时不稳定且效率迅速下降，因而轴流泵只能在较大的流量下工作。

③ $Q-N$ 曲线是随 Q 增大 N 下降，在 $Q=0$ 时，N 最大。因此，轴流泵要开闸启动（一般轴流泵出口不装阀门，只在管道出口装拍门）。

④ $Q-\eta$ 曲线呈驼峰型，高效段较短，离开高效点，效率下降迅速。所以，轴流泵不适宜在变化幅度大的范围内工作，只适应于小范围工作，不适合采用闸阀调节流量。

（6）调节方法。

一般采用改变叶片安装角 β 的方法来改变轴流泵特性曲线，故称为变角调节。这样不仅可以扩大轴流泵的使用范围，而且还能保证效率较高。对于全调节的轴流泵，在启动时，利用调小 β，可以减少启动的阻力矩 $M_阻$，使电机容易启动，待启动后再逐渐增大 β。在停机时，往往也需将 β 调小，以防电压突然升高，使电机过载。

2. 混流泵

（1）定义及特点。

混流泵是介于离心泵和轴流泵之间的一种泵。混流泵的比转数高于离心泵，低于轴流泵，一般在 350～500 之间。它的扬程比轴流泵高，但流量比轴流泵小、比离心泵大。

（2）分类。

按压水室的不同，混流泵可分为蜗壳式混流泵和导叶式混流泵。从外形上看，蜗壳式混流泵与单吸式离心泵相似，导叶式混流泵与立式轴流泵相似。

（3）工作原理。

混流泵叶轮的工作原理是介于离心泵叶轮和轴流泵叶轮之间的一种过渡形式。在工作中既产生离心力又产生轴向升力。叶片泵的基本方程同样适合于混流泵。

习 题

一、填空题

1. 轴流泵应该"_____启动"。
2. 叶片式泵按其比转数从小到大，可分为_____泵、_____泵、_____泵。
3. 混流泵按照压水室的不同，可分为_____和_____。
4. 轴流泵按调节方式分为_____、_____、_____。

二、选择题

1. 下列关于轴流泵的实测特性曲线说法正确的是（　　）。

A. H、N 随 Q 增大而减小，$Q-\eta$ 曲线为驼峰型，高效范围很窄

B. H 随 Q 增大而减小，N 随 Q 增大而增大，有高效段

C. H 随 Q 增大而减小，N 随 Q 增大而增大，Q-η 曲线驼峰型，高效范围很窄

D. A、B、C 均不对

2. 轴流泵一般安装在水面（　　）。

A. 以下　　　　B. 以上　　　　C. 位置　　　　D. 不一定

3. 固定式轴流泵只能采用（　　）。

A. 变径调节　　B. 变角调节　　C. 变速调节　　D. 变阀调节

4. 混流泵的工作原理是介于离心泵和轴流泵之间的一种过渡形式，在工作过程中既产生离心力又产生（　　）。

A. 惯性力　　　B. 升力　　　　C. 动力　　　　D. 冲击力

5. 混流泵按结构形式分为（　　）两种。

A. 立式与卧式　　　　　　　　B. 正向进水与侧向进水

C. 全调节与半调节　　　　　　D. 蜗壳式和导叶式

6. 一水厂需要的扬程在 20～100 m 之间，单泵流量的使用范围在 50～10 000 m^3/h 之间，宜选用（　　）。

A. 旋流泵　　　B. 离心泵　　　C. 混流泵　　　D. 轴流泵

三、判断题

1. 轴流泵的特点是高扬程、小流量。（　　）

2. 混流泵叶轮的工作原理是介乎于离心泵和轴流泵之间的一种过渡形式，因此叶片泵基本方程不适合于混流泵。（　　）

3. 离心泵与轴流泵都是闭闸启动的。（　　）

参考答案

一、填空题

1.（开闸）

2.（离心）（混流）（轴流）

3.（蜗壳式）（导叶式）

4.（固定式）（半调式）（全调式）

二、选择题

1. A

2. A

3. C

4. B

5. D

6. B

三、判断题

1. ×

2. ×

3. ×

2.14 给水排水工程中常用的叶片泵

知识要点

1. IS 系列单级单吸式离心泵

（1）特点：①性能合理（流量范围为 6.3～400 m³/h，扬程范围为 5～125 m）。②标准化程度高，泵的效率达到国际水平。

IS 系列单级单吸式离心泵供输送温度不超过 80 ℃的清水。

（2）型号含义：以 IS100-65-250A 型为例进行说明。

IS——采用 ISO 国际标准的单级单吸式清水离心泵。

100——水泵吸入口直径，mm。

65——水泵压出口直径，mm。

250——叶轮直径，mm。

A——叶轮外经切削数（A 表示叶轮第一次切削）。

2. Sh（SA）系列单级双吸式离心泵

（1）Sh（SA）系列单级双吸式离心泵在城镇给水、工矿企业的循环用水、农田排灌、防洪排涝等方面应用十分广泛，是给水排水工程中一种常用水泵。目前，其常见的流量为 90～20 000 m³/h，扬程为 10～100 m。

按泵轴的安装位置不同，其分卧式和立式两种。

（2）特点。

Sh 型泵、SA 型、S 型泵的结构形式相似。泵的吸入口与压出口均在泵轴心线的下方。检修时只要松开泵盖接合面的螺母，即可揭开泵盖，可将全部零件拆下，不必移动电动机和管路。泵的正常转向一般是从传动方向看去，泵为逆时针旋转，按用户要求，也可改为顺时针方向旋转。

（3）型号含义：以 12Sh-9A 型为例进行说明。

12——泵吸入口直径（12 寸，即 300 mm）。

Sh——单级双吸卧式离心清水泵。

9——比转数被 10 除的整数。

A——叶轮外径切削数（A 表示叶轮第一次切削）。

3. D（DA）系列分段多级式离心泵

（1）D（DA）系列分段多级式离心泵相当于将几个叶轮同时安装在一根轴上串联工作。多级泵扬程在 100～650 m 范围内，流量在 5～720 m^3/h 范围内。

（2）型号含义：以 100D16A×12 型为例进行说明。

100——泵吸入口直径，mm。

D——单吸多级分段式。

16——单级扬程，m。

A——同一台泵叶轮被切削。

12——水泵级数（叶轮数）。

4. 管道泵

（1）管道泵是立式结构，因其进出口在同一直线上且进出口口径相同，仿似一段管道，可安装在管道的任何位置，故取名为管道泵。

管道泵主要由以下 3 部分组成。

①电机：将电能转化为机械能的主要部件。

②泵座：水泵的主体，起支承固定作用。

③叶轮：离心泵的核心部分。

（2）型号含义：以 50GDL18-15×6 型为例进行说明。

50——泵进出口径，mm；

GDL——立式多级管道泵；

18——设计点流量，m^3/h；

15——单级扬程，m；

6——泵级数。

5. JD（J）系列深井泵

（1）JD（J）系列深井泵用来抽升深地下水。

深井泵主要由以下 3 部分组成：

①包括滤网在内的泵工作部分。

②包括泵座和传动轴在内的扬水管部分。

③带电动机的传动装置部分。

深井泵实际上是一种立式单吸分段式多级离心水泵。

（2）型号含义：以 6JD-28×11 型为例进行说明。

6——适用井径为 6 in 及 6 in 以上。

JD——深井多级泵。

28——额定流量，m^3/h。

11——叶轮级数。

6. 潜水泵

（1）潜水泵的特点是机泵一体化，可长期潜入水中运行。

按用途分：给水泵、排污泵；

按叶轮形式分：离心式、轴流式及混流式潜水泵等。

（2）型号含义：以 350 QSZ（H）-5-30 型为例进行说明。

350——泵出水口直径，mm。

QS——充水式潜水电泵。

Z（H）——轴（混）流式水泵。

5——水泵额定扬程，m。

30——电机功率，kW。

7. 污水泵、杂质泵

（1）国内常见的 PW 型污水泵是卧式单级悬臂式离心泵。

它与清水泵的区别在于，叶轮的叶片少，流道宽，便于输送带有纤维或其他悬浮杂质的污水。另外，在泵体的外壳上开设有检查、清扫孔，便于在停车后清除泵壳内部的污浊杂质。

（2）型号含义：以 60PWL 型为例进行说明。

6——出口直径（毫米数被 25 除所得值）。

P——杂质泵。

W——污水。

L——立式。

习 题

选择题

1. 下列水泵型号中，用于抽取深井地下水的水泵是（　　）。

A. 200QW360-6-11

B. 6JD28×11

C. ISL65-50-160

D. LXB2800-3

2. 下列水泵型号中，不属于叶片式水泵的是（　　）。

A. ISL65-50-160　　　　B. 300s32A　　　　C. 6PWL　　　　　　D. LXB2800-3

参 考 答 案

选择题

1. B

2. D

第3章 其他类型泵

3.1 射流泵

知识要点

射流泵的基本构造、工作原理、性能特点及适用场合

射流泵也称水射器，其构造简单、工作可靠，在给水排水工程中经常使用。

（1）基本构造。

射流泵的基本构造如图3.1所示，包括喷嘴、吸入室、混合管、扩散管、吸水管、压出管6部分。

（2）工作原理。

如图3.1所示，高压水以流量Q_1由喷嘴1高速射出时连续挟走吸入室2内的空气，在吸入室2内造成不同程度的真空，被抽升的液体在大气压力作用下以流量Q_2由吸水管5进入吸入室，两股液体（Q_1+Q_2）在混合管3中进行能量的传递和交换，使流速、压力趋于拉平，然后经扩散管4使部分动能转化为压能后，以一定流速由管道6输送出去。

（3）性能特点。

①射流泵优点：

a. 构造简单，尺寸小，质量轻，价格便宜。

b. 便于就地加工，安装容易，维修简单。

c. 无运动部件，启闭方便，当吸水口完全露出水面后，断流时无危险。

d. 可以抽升污泥或其他含颗粒液体。

e. 可与离心泵串联工作，从大口井或深井中取水。

②射流泵缺点：

效率较低。

(4)各部分的尺寸计算。

通常按已知的工作流量和扬程,以及实际需要抽吸的流量和扬程来计算确定射流泵各部分的尺寸。

(5)适用场合。

①用作离心泵的抽气引水装置。

②用于水厂投药装置,如在水厂中利用射流泵来抽吸液氯和矾液,俗称"水老鼠"。

③在地下水除铁曝气的充氧工艺中,将其作为带气、充气装置,以达到充氧目的。

④作为生物处理的曝气设备及气浮净化法的加气设备。

⑤与离心泵联合工作以增加离心泵装置的吸水高度。

⑥在土方工程施工中,用于井点来降低基坑的地下水位等。

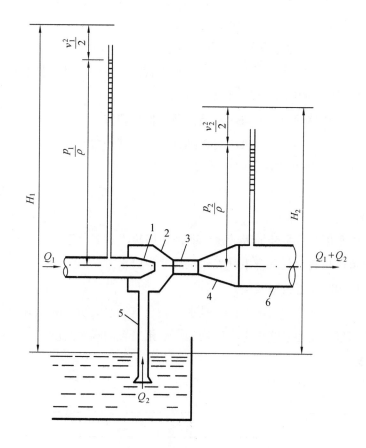

图 3.1 射流泵基本构造

1—喷嘴;2—吸入室;3—混合管;4—扩散管;5—吸水管;6—压出管

习 题

一、选择题

1. 射流泵的计算通常是按已知的（　　）来确定射流泵各部分的尺寸。

A. 工作流量和扬程

B. 实际抽吸的流量和扬程

C. 工作流量和扬程以及实际需要抽吸的流量和扬程

D. 工作流量和实际需要抽吸的扬程

2（多选）射流泵的特点是（　　）。

A. 无运动部件，启闭方便　　　　B. 效率高

C. 可以与离心泵串联工作　　D. 其出水量与进水水位有关

3. 射流泵工作流体通过喷嘴产生射流，将（　　）的气体带走，吸入室形成真空，被抽的流体在大气压的作用下通过吸入管进入射流泵。

A. 喷嘴附近　　　B. 喉管附近　　　C. 吸入管附近　　　D. 扩散管附近

4.（多选）下列选项中属于射流泵优点的是（　　）。

A. 安装容易，维修简单　　　B. 构造简单，价格便宜

C. 效率较高　　　　　　　D. 可以抽升污泥或其他含颗粒污泥

5.（多选）射流泵由那些部分组成？（　　）

A. 喷嘴　　　　B. 叶轮　　　　C. 吸入室　　　D. 混合管　　　E. 扩散管

二、判断题

1. 在水厂中利用射流泵来抽吸液氯和矾液，俗称"水老鼠"。　　　　　　　　（　　）

2. 射流泵可以与离心泵联合串联工作从深井中取水。　　　　　　　　　　（　　）

3. 射流泵结构简单且效率较高。　　　　　　　　　　　　　　　　　　　（　　）

4. 射流泵无运动部件，启闭方便，吸水口完全露出水面后，断流时无危险。（　　）

5. 射流泵可以与离心泵联合工作以增加离心泵装置的吸水高度。　　　　　（　　）

三、简答题

1. 简述射流泵的工作原理？

_____

_____

_____

_____

2. 简述射流泵在给水排水工程中有哪些方面可以应用（写出三种以上）。

3. 射流泵的优点和缺点。

参考答案

一、选择题

1. C

2. AC

3. A

4. ABD

5. ACDE

二、判断题

1. √

2. √

3. ×

4. √

5. √

三、简答题

1. 高压水以流量 Q_1 由喷嘴高速射出时，连续挟走了吸入室内的空气，在吸入室内造成不同程度的真空，被抽升的液体在大气压力作用下，以流量 Q_2 由吸水管进入吸入室，两股液体（Q_1+Q_2）在混合管中进行能量的传递和交换，使流速、压力趋于拉平，然后经扩散管使部分动能转化为压能后，以一定流速由管道输送出去。

2. ①用作离心泵的抽气引水装置。

②用于水厂投药装置，如在水厂中利用射流泵来抽吸液氯和矾液，俗称"水老鼠"。

③在地下水除铁曝气的充氧工艺中，将其作为带气、充气装置，以达到充氧目的。

④作为生物处理的曝气设备及气浮净化法的加气设备。

⑤与离心泵联合工作以增加离心泵装置的吸水高度。

⑥在土方工程施工中，用于井点来降低基坑的地下水位等。

3. 优点：

①构造简单，尺寸小，质量轻，价格便宜。

②便于就地加工，安装容易，维修简单。

③无运动部件，启闭方便，当吸水口完全露出水面后，断流时无危险。

④可以抽升污泥或其他含颗粒液体。

⑤可以与离心泵串联工作，从大口井或深井中取水。

缺点：效率较低。

3.2 气升泵

知识要点

气升泵的基本构造、工作原理、性能特点及适用场合

气升泵又名空气扬水机，是以压缩空气为动力来升水、升液或提升矿浆的一种气举装置。其构造简单，在现场可以利用管材就地装配。

（1）基本构造。

气升泵装置的基本构造如图 3.2 所示，包括扬水管、输气管、空气压缩机、风罐、井管、空气过滤器等部分。

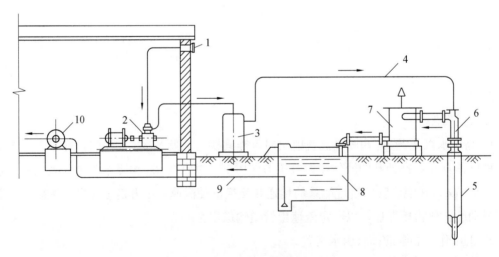

图 3.2 气升泵装置的基本构造

1—空气过滤器；2—空气压缩机；3—风罐；4—输气管；5—井管；
6—扬水管；7—空气分离管；8—清水池；9—吸水管；10—泵

(2) 工作原理。

图 3.3 为气升泵构造示意。地下水的静水位为 0—0，来自空气压缩机的压缩空气由输气管 2 经喷嘴 3 输入扬水管 1，于是在扬水管中形成了空气和水的水气乳状液，沿扬水管而上涌，流入气水分离箱 4，在该箱中，水气乳状液以一定的速度撞在伞形钟罩 7 上，由于冲击而达到了水气分离的效果，分离出来的空气经气水分离箱 4 顶部的排气孔 5 溢出，落下的水则借重力流出，由管道引入清水池。

扬水管中水所以被抽升的现象，一般按连通管原理解释。因为，水气乳状液的相对密度小于水（一般上升的水气乳状液相对密度为 0.15～0.25），相对密度小的液体的液面高，在高度为 h 的水柱压力作用下，根据液体平衡的条件，水气乳状液便上升至 h 的高度。

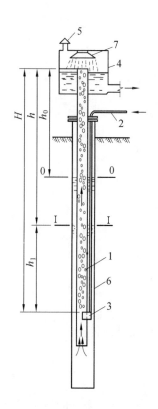

图 3.3 气升泵构造示意

1—扬水管；2—输气管；3—喷嘴；4—气水分离箱；5—排气孔；6—井管；7—伞形钟罩

（3）性能特点。

①气升泵优点：

井孔内无运动部件，构造简单，工作可靠，在实际工程中，不但可用于井孔抽水，而且还可用于提升泥浆、矿浆、卤液等。

②气升泵缺点：

与深井泵相比效率低。

（4）适用场合。

对于钻孔水文地质的抽水试验，石油部门的"气举采油"以及矿山中井巷排水等方面，气升泵的应用常具有独特之处。

习 题

一、填空题

气升泵以_____为动力来升水、升液或提升矿浆。

二、选择题

1. 气升泵特点（　　）。

A. 构造复杂　　　B. 效率较低　　　C. 往复运动　　　D. 叶轮偏心

2. （多选）气升泵的适用场合（　　）。

A. 钻孔水文地质的抽水试验

B. 石油部门的"气举采油"

C. 矿同中井苍排水

D. 垃圾渗滤液抽取

三、判断题

1. 气升泵是靠高压气体来带动提升液体的。　　　　　　　　　　　　（　　）

2. 气升泵的效率较低。　　　　　　　　　　　　　　　　　　　　　（　　）

参 考 答 案

一、填空题

（压缩空气）

二、选择题

1. B

2. ABC

三、判断题

1. ×
2. √

3.3 往复泵

知识要点

往复泵的基本构造、工作原理、性能特点及适用场合

往复泵主要由泵缸、活塞（或柱塞）和吸、压水阀所构成，依靠在泵缸内做往复运动的活塞（或柱塞）来改变工作室的容积，从而达到吸入和排出液体的目的。由于泵缸主要工作部件（活塞或柱塞）的运行为往复式的，因此称为往复泵。

（1）基本构造。

往复泵的基本构造及工作示意如图 3.4 所示。往复泵包括压水管路、压水空气室、压水阀、吸水阀、吸水空气室、吸水管路、柱塞、滑块、连杆和曲柄。

（2）工作原理。

往复泵的工作原理：柱塞 7 由飞轮通过曲柄连杆机构带动，当柱塞 7 向右移动时，泵缸内形成低压，上端的压水阀 3 因被压而关闭，下端的吸水阀 4 便被泵外大气压作用下的水压力推开，水由吸水管路 6 进入泵缸，完成吸水过程。相反，当柱塞由右向左移动时，泵缸内形成高压，吸水阀被压而关闭，压水阀 3 受压而开启，由此将水排出，进入压水管路 1，完成了压水过程。如此，柱塞往复运行，水就间歇而不断地被吸入和排出。

活塞（或柱塞）在泵缸内从一顶端位置移至另一顶端位置，这两顶端之间的距离称为活塞行程长度，也称冲程，两顶端称作死点。活塞往复运动一次（即两冲程），泵缸内只吸入一次和排出一次水，这种泵称为单动往复泵。

往复泵的扬程是依靠往复运动的活塞将机械能以静压形式直接传给液体。因此，往复泵的扬程与流量无关，它的实际扬程（单位为 m）仅取决于管路系统的需要和泵的能力，即包括水的静扬程高度 H_{ST}、吸压水管中的水头损失之和 $\sum h$。

$$H = H_{ST} + \sum h$$

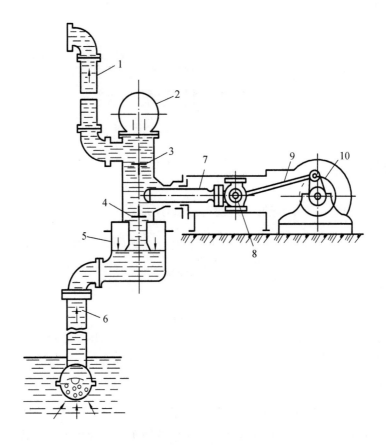

图 3.4 往复泵的基本构造及工作示意

1—压水管路；2—压水空气室；3—压水阀；4—吸水阀；5—吸水空气室；6—吸水管路
7—柱塞；8—滑块；9—连杆；10—曲柄

(3) 性能特点。

①高扬程、小流量的容积式水泵。

②必须开闸启动。

③不能用闸阀来调节流量。

④在给水排水泵站中，如果采用往复泵，则必须有调节流量的设施。

⑤具有自吸能力。

⑥出水不均匀。

(4) 适用场合。

某些工业部门的锅炉给水、特殊液体输送，或在要求自吸能力高的场合中应用。

习 题

一、填空题

1. 往复泵的使用范围侧重于_____扬程、_____流量。

2. 往复泵必须_____启动。

3. 往复泵的扬程与_____无关,它的实际扬程取决于_____。

4. 往复泵的冲程是指_____,这两顶端之间的距离称为冲程。

二、选择题

1. 下列选项不属于往复泵特点的是( )。
   A. 具有自吸能力　　B. 出水均匀　　C. 高扬程、小流量　　D. 必须开闸启动

2. 往复泵的性能特点是( )。
   A. 高扬程、小流量　B. 低扬程、大流量　C. 开闸启动　　D. 闭闸启动

3. (多选)往复泵由( )构成。
   A. 泵缸　　　　　B. 活塞和柱塞　　C. 吸水阀　　　D. 压水阀

4. 往复泵工作时依靠往复运动的活塞,将( )以静压形式直接传给液体。
   A. 动能　　　　　B. 势能　　　　　C. 机械能　　　D. 压能

5. 往复泵工作时,活塞往复一次是( )。
   A. 一冲程　　　　B. 两冲程　　　　C. 三冲程　　　D. 四冲程

6. 单动往复泵中活塞往复一次泵缸内吸水( ),排水( )。
   A. 一次　一次　　B. 一次　两次　　C. 两次　一次　D. 两次　两次

7. 往复泵工作主要依靠活塞或柱塞的往复运动来改变( ),从而达到吸入和排出液体的目的。
   A. 泵的扬程　　　B. 往复运动轨迹　C. 管路系统水头损失　D. 工作室容积

三、简答题

1. 往复泵的性能特点。

_____

_____

_____

_____

2. 往复泵的适用场合。

参 考 答 案

一、填空题

1.（高）（小）

2.（开闸）

3.（流量）（管路系统的需要和泵的能力）

4.（活塞或柱塞在泵缸内从一顶端位移至另一顶端）

二、选择题

1. B

2. AC

3. ABCD

4. C

5. B

6. A

7. D

三、简答题

1. ①高扬程、小流量的容积式水泵。

②必须开闸启动。

③不能用闸阀来调节流量。

④在给水排水泵站中，如果采用往复泵，则必须有调节流量的设施。

⑤具有自吸能力。

⑥出水不均匀。

2. 某些工业部门的锅炉给水、特殊液体输送，或在要求自吸能力高的场合中应用。

3.4 其他几种泵

知识要点

1. 螺旋泵

(1) 螺旋泵工作原理。

螺旋泵也称阿基米德螺旋泵。螺旋泵的提水原理与我国古代的龙骨水车十分相似。螺旋泵倾斜放置在水中，由于螺旋泵的泵轴与水面的倾角小于螺旋叶片的倾角，当电动机通过变速装置带动泵轴运动时，螺旋叶片的下端与水接触，水随着叶片的转动沿螺旋轴逐级得到提升，最后升到螺旋泵的最高点而出流。由于螺旋泵的提升原理不同于离心泵和轴流泵，因此它的转速十分低。

(2) 螺旋泵装置。

螺旋泵装置由电动机1、变速装置2、泵轴3、叶片4、轴承座5和泵壳6组成，如图3.5所示。泵体连接着上下水池，泵壳仅包住泵轴及叶片的下半部，上半部安装小半截挡板，以防止污水外溅。泵壳与叶片间既要保持一定的间隙，又要做到密贴，尽量减少液体侧流，以提高泵的效率，一般叶片与泵壳之间保持1 mm左右间隙。大中型泵壳可用预制混凝土砌块拼成；小型泵壳一般采用金属材料卷焊制成，也可用玻璃钢等其他材料制作。

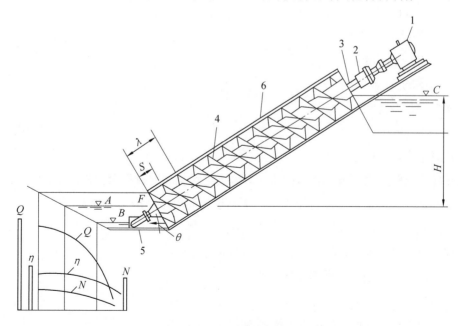

图 3.5 螺旋泵装置及结构图

1—电动机；2—变速装置；3—泵轴；4—叶片；5—轴承座；6—泵壳；
A—最佳进水位；B—最低进水位；C—正常出水位；H—扬程；θ—倾角；S—螺距

（3）螺旋泵装置的参数。

①倾角（θ）：螺旋泵相对水平面的安装夹角。它直接影响泵的扬水能力，倾角大时，流量下降。

②泵壳与叶片的间隙：间隙越小，水流失越少，泵效率越高。

③转速（n）：实验资料表明，螺旋泵的外径越大，转速宜越小。泵外径小于 400 mm 时，其转速可达 90 r/min；泵外径为 1 m 时，以转速约 50 r/min 为宜；外径达 4 m 以上时，转速以 20 r/min 为宜。

④扬程（H）：螺旋泵都是低扬程水泵。扬程低时，效率高；扬程太高时，泵轴过长，挠度大，对制造、运行都不利。螺旋泵扬程一般在 3～6 m。

⑤泵直径（D）：泵的流量取决于泵的直径。泵直径与泵轴直径之比以 2∶1 为宜。

⑥螺距（S）：沿螺旋叶片环绕泵轴呈螺旋形旋转 360°所经轴向距离，即为一个螺旋导程 λ；螺距 S 与螺旋导程 λ 的关系为：$S=\lambda/Z$，其中 Z 为叶片数。

⑦流量（Q）及轴功率（N）：

$$Q = \frac{\pi}{4}(D^2 - d^2)\alpha S n$$

$$N = \frac{\rho g Q H}{1000\eta}$$

式中　　d——泵轴直径，m；

　　　　D——水泵叶轮外径，m；

　　　　S——螺距，m；

　　　　n——转速，r/min；

　　　　α——扬水断面率。

（4）螺旋泵优缺点。

优点：

①提升流量大，省电。

②只要叶片接触到水面就可把水提上来，可按进水位高度自行调节出水量，水头损失小。

③由于不必设置集水井以及封闭管道，泵站设施简单，减少了土建费用。

④叶片间隙大，不需要设置帘格便可直接提升污物。

⑤结构简单，制造容易，机械磨损小，维修简单。

⑥提升活性污泥缓慢，对绒絮破坏较小。

缺点：

①扬程一般不超过 8 m，在使用上受到限制。

②其出水量直接与进水水位有关，故不适用于水位变化较大的场合。

③螺旋泵必须斜装，占地面积较大。

2. 水环式真空泵

水环式真空泵是可供抽吸空气或其他无腐蚀性、不溶于水、不含固体颗粒的气体的一种流体机械,被广泛用于机械、石油、化工、制药、食品等工业及其他领域,特别适合于大型泵引水。

(1) 水环式真空泵的构造和工作原理。

水环式真空泵由泵体和泵盖组成圆形工作室,其构造图如图3.6所示,在工作室内偏心地装置一个由多个呈放射状均匀分布的叶片和叶轮毂组成的叶轮,工作时要不断充入一定量的循环水,以保证真空泵工作。工作原理:启动前,泵内注入一定量的水;叶轮旋转时产生离心力,在离心力的作用下叶轮将水甩向四周形成一个旋转的水环,水环上部的内表面与叶轮壳相切,叶轮沿顺时针方向旋转。在图3.6中右半部的过程中,水环的内表面渐渐离开叶轮壳,各叶片间形成的体积递增,压力随之降低,空气从进气口吸入;在图3.6中左半部的过程中,水环的内表面渐渐又靠近叶轮壳,各叶片间形成的体积减小,压力随之升高,将吸入的空气经排气口排出。因此,叶轮不断旋转,真空泵不断地吸气和排气。

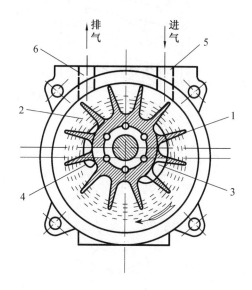

图3.6 水环式真空泵构造图

1—星状叶轮;2—水环;3—进气口;4—排气口;5—进气管;6—排气管

(2) 水环式真空泵的性能。

泵站中常用的水环式真空泵主要有 SZ 型、SZB 型和 SZZ 型(其符号的意义:S——水环式;Z——真空泵;B——悬壁式)。SZZ 型的电动机与真空泵为直联式,这种泵体积小、质量轻、价格低。

（3）水环式真空泵的选择。

当用于离心泵引水时，选择水环式真空泵的主要依据是泵和吸水管所需的抽气量和真空值的大小。

3. 螺杆泵

螺杆泵是在泵类产品中出现较晚的一种泵，由于它是利用一根或数根螺杆的相互啮合空间的容积变化来输送液体，因此称为螺杆泵。当螺杆传动时、吸入腔一端的密封线连续地向排出腔一端做轴向移动，使吸入腔的容积增大、压力降低，液体在压差作用下沿密封线吸管进入吸入腔。随着螺杆的转动，密封腔内的液体连续而均匀地沿轴向吸入腔移动到排出腔，由于排出腔一端的容积逐渐缩小，便将液体排出，螺杆泵输液原理图如图3.7所示。

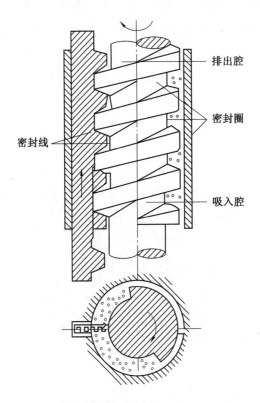

图3.7 螺杆泵输液原理图

（1）螺杆泵的分类。

螺杆泵按螺杆数目分为：

①单螺杆泵：只有一根螺杆在泵体的内螺纹槽中啮合转动的泵。主要工作机构是一个钢制螺杆和一个具有内螺旋表面的橡胶衬套。

②双螺杆泵：在泵内由两个螺杆相互啮合输送液体的泵。其主动螺杆和从动螺杆之间用一对齿轮可传递转矩。

③三螺杆泵：在泵内由三个螺杆相互啮合输送液体的泵。它是螺杆泵中使用最多的一种。

④五螺杆泵：在泵套内装有 5 根左、右旋双头螺纹的螺杆（主、从杆螺旋方向相反），螺杆上的轴向力可自行平衡。螺杆齿廓上有一段是渐开线，起主杆向从杆传递运动的作用。螺杆两端装有滚动轴承，保证螺杆与泵套之间的间隙。

螺杆泵按螺杆吸入方式分为：

①单吸式：液体从螺杆一端吸入，从另一端排出。

②双吸式：液体从螺杆两端吸入，从中间排出。

此外，螺杆泵按泵轴位置还可以分为卧式泵和立式泵。

（2）螺杆泵的安全使用方法。

①螺杆泵的停车。

螺杆泵停车时，应先关闭排出停止阀，待泵完全停转后关闭吸入停止阀。螺杆泵的工作螺杆长度较大、刚性较差，容易引起弯曲和造成工作失常，因此对轴系的连接必须很好对中，且对中工作最好在安装定位后进行，以免管路牵连造成变形；连接管路时应独立固定，尽可能减少对泵的牵连等；备用螺杆在保存时最好采用悬吊固定的方法，避免因放置不平而造成变形。

②螺杆泵的启动。

螺杆泵应在吸排停止阀全开的情况下启动，以防过载或吸空。螺杆泵虽然具有干吸能力，但是必须防止干转，以免擦伤工作表面。假如螺旋泵需要在油温很低或黏度很高的情况下启动，则应在吸排阀和旁通阀全开的情况下启动，让泵启动时的负荷最低，直到原动机达到额定转速时，再将旁通阀逐渐关闭。当旁通阀开启时，液体是在有节流的情况下在泵中不断循环流动的，而循环的油量越多，循环的时间越长，液体的发热也就越严重，甚至使泵因高温变形而损坏，必须引起注意。

③螺杆泵的运转。

螺杆泵必须按既定的方向运转，以产生一定的吸排。

泵工作时，应注意检查压力、温度和机械轴封的工作。对机械轴封允许有微量的泄漏，如泄漏量不超过 20～30 s/滴，则认为正常。假如螺杆泵在工作时产生噪声，往往是由油温太低、油液黏度太高、油液中进入空气或泵过度磨损等原因引起。

（3）螺杆泵的特点。

①结构简单、零件少、容易拆装。

②泵内的泄漏损失比较小，故其效率比较高。

③被输送的油料在泵内做匀速直线运动，且无旋转、无脉动地连续运动，泵工作时无振动、无噪声、流量稳定。

④主动螺杆由电动机带动旋转，螺杆之间磨损极小，泵的寿命长。

4. 隔膜泵

隔膜泵是往复泵中较特殊的一种形式。它靠隔膜片来回鼓动而吸入和排出液体，是一种新型泵类。隔膜泵传动部分是带动隔膜片来回鼓动的驱动机构。

隔膜泵一般由执行机构和阀门组成。按其所配执行机构使用的动力，隔膜泵可以分为气动隔膜泵、电动隔膜泵、液动隔膜泵3种，即以压缩空气为动力源的气动隔膜泵，以电为动力源的电动隔膜泵，以液体介质（如油等）压力为动力的液动隔膜泵。另外，按其功能和特性分，还有电磁阀隔膜泵、电子式隔膜泵、智能式隔膜泵、现场总线型隔膜泵等。隔膜泵的产品类型很多，结构也多种多样，而且还在不断更新和变化。一般来说，其所用阀门是通用的，既可以与气动执行机构匹配，也可以与电动执行机构或其他执行机构匹配。

5. 离心式风机与轴流式风机

风机均属于一般的通用机械，广泛地应用于国民经济及国防工业等各部门。供热、工业通风、空调制冷、冲灰除渣、消除烟尘及煤气工程等，都离不开风机。给水排水工程中常用的风机主要为离心式风机和轴流式风机。

（1）离心式风机。

离心式风机按其产生的压力不同，可分为以下3种类型。

①低压风机。低压风机风压小于981 Pa（100 mmH$_2$O），一般用于送风系统或空气调节系统。

②中压风机。中压风机风压在981～2 943 Pa（100～300 mmH$_2$O）范围内，一般用于除尘系统或管网较长、阻力较大的通风系统。

③高压风机。高压风机风压大于2 943 Pa（300 mmH$_2$O），一般用于锻冶设备的强制通风及某些气力输送系统。

离心式风机输送气体时，其增压范围一般在9.807 kPa（约100 mmH$_2$O）以下。

离心式风机按其输送气体的性质不同，还可以分为：一般通风机、排尘通风机、锅炉引风机、耐腐蚀通风机、防爆通风机及各种专用通风机；按风机材质不同又可分为：普通钢通风机、不锈钢通风机、塑料通风机以及玻璃钢离心式通风机。

离心式风机的主要工作部件是叶轮、机壳、风机轴和吸入口等。

离心式风机的工作原理与离心泵的工作原理相同，只不过是所输送的介质不同。风机机壳内的叶轮安装在由电动机或其他转动装置带动的传动轴上。叶轮内有些弯曲的叶片，叶片间形成气体通道。进风口安装在靠近机壳中心处，出风口同机壳的周边相切。当电动机等原动机带动叶轮转动时，迫使叶轮中叶片之间的气体跟着旋转，因而产生了离心力，并使流体从叶轮间的出口甩出，被甩出的流体挤入机壳，于是机壳内的流体压强增高，然后经蜗壳形状的风机壳中的流道被导向出口排出。与此同时，叶轮中心处由于流体被甩出而形成真空状态，使得外界流体在大气压强的作用下沿吸入管源源不断地被抽升到风机的吸入口，在高速旋转的风机叶轮作用下被甩出风机叶轮而输入压出管道，这样就形成了风机的连续工作过程。

离心式风机的工作过程，实际上是一个把电动机高速旋转的机械能转化为被抽升流体的动能和压能的过程。因此，叶轮是实现机械能转换为流体能量的主要部件。在其能量的传递和转化过程中伴随许多能量损失，这些能量损失越大，风机的性能就越差，工作效率就越低。

离心式风机的基本性能，通常用标准状况条件下的流量、压头、功率、效率、转速等参数来表示。

①流量。

单位时间内离心式风机所输送的气体体积，称为该离心式风机的流量。以符号 Q 表示，单位为"m^3/s"或"m^3/min"或"m^3/h"。必须指出的是，离心式风机的体积流量是特指离心式风机进口处的体积流量。

②压头（或全压）。

压头是指单位质量气体（1 kg）通过离心式风机之后所获得的有效能量，也就是离心式风机所输送的单位质量气体从进口至出口的能量增值，用符号 p 表示，单位为"Pa"或"kPa"，但工程上常以"mmH_2O"为单位。

离心式风机的全压定义为离心式风机出口截面上的总压（该截面上动压与静压之和）与进口截面上的总压之差；风机的动压为风机出、进口截面上气体的动能所表征的压力之差，风机的静压定义为风机的全压减去风机的动压。

③功率。

功率通常指离心式风机的输入功率，即由原动机传到离心式风机轴上的功率，也称轴功率，以符号 N 表示，单位为"W"或"kW"。

④效率。

为了表示输入的轴功率 N 被气体利用的程度，用有效功率 N_e 与轴功率 N 之比来表示离心式风机的效率，以符号 η 表示：

$$\eta = \frac{N_e}{N}$$

η 是评价风机性能一项重要指标。η 越大，说明风机的能量利用率越高。η 值通常由实验确定。

功率的计算式如下：

$$N = \frac{N_e}{\eta} = \frac{\rho g Q H}{\eta} = \frac{Qp}{\eta}$$

式中　　ρ——液体的密度，kg/m^3；

g——重力加速度，m/s^2；

Q——流量，m^3/s；

H——扬程，m；

p——压头，mmH_2O。

⑤转速。

转速指离心式风机叶轮每分钟的转数，以符号 n 表示，常用的单位是"r/min"。

（2）轴流式风机。

轴流式风机主要由圆形风筒、钟罩形吸入口、装有扭曲叶片的轮毂、流线形轮毂罩、电动机、电动机罩、扩压管等组成。

轴流式风机的叶轮由轮毂和铆在其上的叶片组成，叶片从根部到梢部常呈扭曲状态或与轮毂呈轴向倾斜状态，安装角一般不能调节。但大型轴流式风机的叶片安装角是可以调节的（称为动叶可调）。调节叶片安装角就可以改变风机的流量和风压。大型轴流式风机进气口上还常常装置导流叶片（称为前导叶），出气口上装置整流叶片（称为后导叶），以消除气流增压后产生的旋转运功，提高风机效率。部分轴流式风机还在后导叶之后设置扩压管（流线形尾罩），这样更有助于气流的扩散，进而使气流中的一部分动压转变为静压，减少流动损失。

轴流式风机的种类很多：只有一个叶轮的轴流式风机称为单级轴流式风机；为了提高风机压力，把两个叶轮串在同一根轴上的风机称为双级轴流式风机。图 3.8 所示为轴流式风机基本构造，其电动机与叶轮同壳安装，这种风机结构简单、噪声小，但由于其电动机直接处于被输送的风流之中，若输送温度较高的气体，就会降低电动机效率。为了克服上述缺点，工程中采用一种长轴的轴流式风机，如图 3.9 所示。

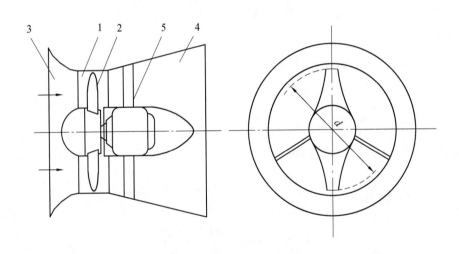

图 3.8 轴流式风机基本构造

1—圆形风筒；2—叶片及轮毂；3—钟罩形吸入口；4—扩压管；5—电动机及轮毂罩

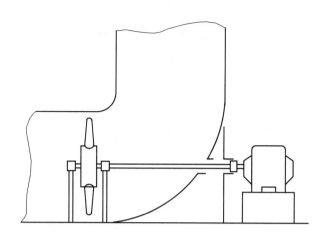

图 3.9 长轴的轴流式风机

轴流式风机的叶轮形状与离心式风机不同,不是扁平的圆盘,而是一个圆柱体,其叶片有螺旋桨形、机翼形等。当电动机带动叶轮做高速旋转运动时,由于叶片对流体的推力作用,迫使自吸入管吸入机壳的气体产生回转上升运动,从而使气体的压强及流速增高。增速增压后的气体经固定在机壳上的导叶作用,使气体的旋转运动变为轴向运动,把旋转的动能变为压力能而自压出管流出。

轴流式风机与离心式风机相比,具有流量大、全压低、流体在叶轮中沿轴向流动等特点。轴流式风机的其他特点可归纳为如下:

①结构紧凑、外形尺寸小,质量轻。

②动叶可调轴流式风机的变工况性能好,工作范围大。这是因为其动叶片安装角可随着负荷的变化而变化,既可调节流量又可保持风机在高效区运行。在低负荷时,动叶可调轴流式风机的经济性高于机翼形离心风机。

③动叶可调轴流式风机的转子结构较复杂,转动部件多,制造、安装要求精度高,维护工作量大。

④轴流式风机的耐磨性不如离心式风机的耐磨性,轴流式风机比离心式风机噪声大。

⑤轴流式风机的 Q-H(或 Q-p)曲线呈陡降形,曲线上有拐点。全压随流量的减小而剧烈增大。当 $Q=0$ 时,其空转全压达到最大值。这是因为当流量比较小时,在叶片的进、出口处产生二次回流现象,部分从叶轮中流出的流体又重新回到叶轮中,并被二次加压,使压头增大。同时,二次回流的反向冲击造成的水力损失致使机器效率急剧下降,因此轴流式风机适宜在较大的流量下工作。

⑥实际工作中,轴流式风机总会在启动时经历一个低流量阶段,因而在选配电机时,应注意留出足够的余量。

⑦一般轴流式风机均不设置调节阀门来调节流量,以避免进入不稳定工作区运行。

国产的轴流式风机根据压力高低分为低压和高压两类：

①低压轴流式风机的全压小于等于 490.35 Pa。

②高压轴流式风机的全压大于 490.35 Pa 而小于 4 903.5 Pa。

常用的轴流式风机用途有：一般厂房通风换气、冷却塔通风、纺织厂通风换气、凉风用通风、空气调节、锅炉通风、引风、矿井通风、隧道通风等。

习　　题

一、选择题

1. 下列不属于螺旋泵特点的是（　　）。

　A. 提升流量大，省电　　　　　　B. 泵站设施简单，减少土建费用

　C. 结构复杂，制造困难　　　　　D. 对绒絮破坏较小

2. 螺杆泵按螺杆吸入方式分（　　）。

　A. 单吸式和双吸式　　　　　　　B. 单吸式和卧式

　C. 双吸式和立式　　　　　　　　D. 卧式和立式

3.（多选）隔膜泵按其使用的动力可分为（　　）。

　A. 手动　　　　B. 气动　　　　C. 液动　　　　D. 电动

4. 螺旋泵必须（　　）。

　A. 横装　　　　B. 竖装　　　　C. 斜装

5.（多选）下列关于螺杆泵的特点，正确的是（　　）。

　A. 结构简单　　　　　　　　　　B. 零件少，易拆装

　C. 泵的效率较高　　　　　　　　D. 泵工作时无振动，无噪声

　E. 泵工作流量稳定　　　　　　　F. 泵的寿命长

6.（多选）离心式风机的主要工作部件是（　　）。

　A. 机壳　　　　　　　　　　　　B. 风机轴

　C. 叶轮　　　　　　　　　　　　D. 吸入口

　E. 电机座

二、判断题

1. 螺杆泵也称为阿基米德螺旋泵。　　　　　　　　　　　　　　　　　（　　）

2. 螺旋泵是高扬程水泵。　　　　　　　　　　　　　　　　　　　　　（　　）

3. 隔膜泵传动部分是带动隔膜片来回鼓动的驱动机构。　　　　　　　　（　　）

4. 螺杆泵停车时，应先关闭吸入停止阀。　　　　　　　　　　　　　　（　　）

5. 离心式风机的工作原理与离心泵的工作原理相同，输送介质也相同。　（　　）

6. 给水排水工程中常用离心式风机、轴流式风机。　　　　　　　　　　（　　）

三、名词解释

1. 螺杆泵

2. 隔膜泵

四、简答题

1. 螺旋泵的优缺点（列举 3 个）。

2. 螺旋泵装置结构组成。

3. 水环式真空泵的适用场合。

4. 轴流式风机的特点。

参 考 答 案

一、选择题

1. C

2. A

3. BCD

4. C

5. ABCDEF

6. ABCD

二、判断题

1. ×

2. ×

3. √

4. ×

5. ×

6. √

三、名词解释

1. 螺杆泵：利用一根或数根螺杆的相互啮合空间的容积变化来输送液体的泵。

2. 隔膜泵：靠隔膜片来回鼓动而吸入和排出液体的一种新型泵类。

四、简答题

1. 螺旋泵的优缺点（列举 3 个即可）。

优点：

①提升流量大，省电。

②只要叶片接触到水面就可把水提上来，可按进水位高度自行调节出水量，水头损失小。

③由于不必设置集水井以及封闭管道，泵站设施简单，减少了土建费用。

④叶片间隙大，不需要设置帘格便可直接提升污物。

⑤结构简单，制造容易，机械磨损小，经常维修简单。

⑥提升活性污泥缓慢，对绒絮破坏较小。

缺点：

①扬程一般不超过 8 m，在使用上受到限制。

②其出水量直接与进水水位有关，故不适用于水位变化较大的场合。

③螺旋泵必须斜装，占地较多。

2. 螺旋泵装置由电动机、变速装置、泵轴、叶片、轴承座和泵壳组成。

3. 水环式真空泵可供抽吸空气或其他无腐蚀性、不溶于水、不含固体颗粒的气体，被广泛用于机械、石油、化工、制药、食品等工业及其他领域，特别适合于大型泵引水。

4. （1）结构紧凑、外形尺寸小、质量轻。

（2）动叶可调轴流式风机的变工况性能好，工作范围大。

（3）动叶可调轴流式风机转子结构复杂，转动部件多，制造、安装精度高，维护工作量大。

（4）其耐磨性不如离心风机的耐磨性，噪声比离心风机的大。

（5）在运行过程适宜在较大流量下工作。

（6）选配电机时，留出足够余量。

（7）一般不设调节阀门来调节流量，避免进入不稳定工作区运行。

第4章 给水泵站

4.1 给水泵站分类与特点

知识要点

按照泵机组设置的位置与地面的相对标高关系,泵站可分为地面式泵站、地下式泵站和半地下式泵站;按照操作条件及方式,泵站可分为人工手动控制泵站、半自动化泵站、全自动化泵站和遥控泵站4种。

在给水工程中,常按泵站在给水系统中的作用进行分类,具体可分为:取水泵站、送水泵站、加压泵站及循环泵站。

1. 取水泵站(一级泵站)

在地面水水源中,取水泵站一般由吸水井、取水泵房及闸阀井3部分组成,如图4.1所示。

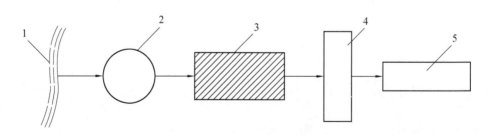

图4.1 地面水取水泵站工艺流程

1—水源;2—吸水井;3—取水泵房;4—闸阀井(即切换井);5—净化厂

为保证泵站在最枯水位抽水的可能性,以及保证在最高洪水位时泵房筒体不被淹没、进水,整个泵房的高度常常很大,这是一般山区河道取水泵站的类同点。这一类泵房,一般采用圆形钢筋混凝土结构。这类泵房的平面面积对整个泵站工程造价影响很大,所以在取水泵房设计中,有"贵在平面"的说法。

2. 送水泵站(二级泵站)

送水泵站通常建在水厂内,因抽送的是清水,又称为清水泵站。送水泵站工艺流程如图4.2 所示。净化构筑物处理后的出厂水,由清水池流入吸水井,送水泵站中的水泵从吸水井中吸水,通过输水干管将水输往管网,最后送至高位水池(水塔)。

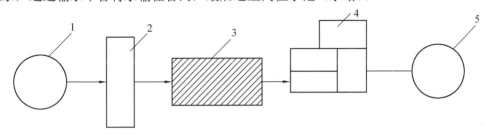

图 4.2　送水泵站工艺流程

1—清水池;2—吸水井;3—送水泵站;4—管网;5—高位水池(水塔)

送水泵站的出厂流量和水压在一天内各个时段中是不断变化的。

送水泵站的吸水井既有利于泵吸水的管道布置,也有利于清水池的维修。吸水井形式有分离式吸水井和池内式吸水井两种,一般呈长方形。

送水泵站吸水水位变化范围小,通常不超过 4 m,因此泵站埋深较浅。一般可建成地面式或半地下式。泵的调速运行在送水泵站中显得尤为重要。

3. 加压泵站

在城市给水管网面积大、输配水管线长,或给水对象所在地的地势很高、地形起伏较大的情况下,通过技术经济比较,可以在城市管网中增设加压泵站。在近代大中型城市给水系统中实行分区分压供水方式时,设置加压泵站已十分普遍。加压泵站的工况取决于加压所用的手段,一般有两种供水方式:①在输水管线上直接串联加压,如图4.3(a)所示,水厂内送水泵站和加压泵站将同步工作,一般用于水厂位置远离城市管网的长距离输水场合;②清水池及泵站加压供水,即水厂内送水泵站将水输入远离水厂、接近管网起端处的清水池内,由加压泵站将水输入管网,如图4.3(b)所示。

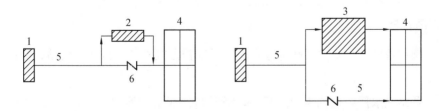

(a)在输水管线上直接串联加压　　(b)清水池及泵站加压供水

图 4.3　加压泵站供水方式

1—二级泵房;2—增压泵房;3—水库泵站;4—配水管网;5—输水管;6—止回阀

4. 循环泵站

在某些工业企业中，生产用水可以循环使用或经简单处理后回用，此时可采用循环泵站。在循环泵站中，一般设置输送冷、热水的两组泵。热水泵将生产车间排出的废热水压送到冷却构筑物进行降温，冷却后的水再经集水池由冷水泵抽送到生产车间使用，其处理工艺流程如图 4.4 所示。为了保证泵良好的吸水条件和管理方便，最好采用自灌式，因此循环泵站大多是半地下式的。

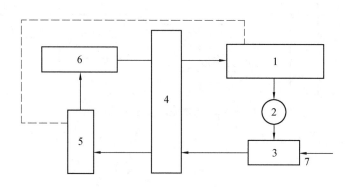

图 4.4 循环给水系统工艺流程

1—生产车间；2—净水构筑物；3—热水井；4—循环泵站；5—冷却构筑物；6—集水池；7—补充新鲜水

习　题

一、填空题

1. 给水泵站按其作用可分为_____泵站、_____泵站、_____泵站、_____泵站。

2. 取水泵站一般由_____、_____、_____三部分组成。

3. 按照泵机组设置的位置与地面的相对标高关系，泵站可分为_____泵站、_____泵站、_____泵站。

4. 循环泵站一般设置_____、_____两组泵。

二、判断题

1. 按照操作条件及方式，泵站可分为人工手动控制泵站、半自动化泵站、全自动化泵站和遥控泵站四种。　　　　　　　　　　　　　　　　　　　　　　　　　　　（　　）

2. 送水泵站在水厂中也称为二级泵站，通常是建在水厂外。　　　　　　　（　　）

3. 送水泵站中的水泵从吸水井中吸水，通过输水干管将水输往管网。　　（　　）

4. 加压泵站的工况取决于加压所用的手段，只能在输水管线上直接加压。　（　　）

5. 循环泵站大多是半地下式的。　　　　　　　　　　　　　　　　　　　（　　）

6. 山区河道取水泵站一般采用圆形钢筋混凝土结构。（　　）

7. 送水泵站的出厂流量在一天中各时段比较稳定，水压时时发生变化。（　　）

三、简答题

加压泵站的工况与什么因素相关？

_____

_____

_____

_____

参 考 答 案

一、填空题

1.（取水）（送水）（加压）（循环）

2.（吸水井）（取水泵房）（闸阀井）

3.（地面式）（地下式）（半地下式）

4.（冷水）（热水）

二、判断题

1. √

2. ×

3. √

4. ×

5. √

6. √

7. ×

三、简答题

　　加压泵站的工况取决于加压所用的手段，一般有两种供水方式：①在输水管线上直接串联加压，水厂内送水泵站和加压泵站将同步工作；一般用于水厂位置远离城市管网的长距离输水场合。②清水池及泵站加压供水，即水厂内送水泵站将水输入远离水厂、接近管网起端处的清水池内，由加压泵站将水输入管网。

4.2 泵的选择

> **知识要点**

1. 选泵的主要依据

选泵的主要依据是所需的流量、扬程以及其变化规律。

（1）一级泵站的流量和扬程。

泵站从水源取水后将水输送到净水构筑物，则泵站的设计流量 Q_r（m³/h）为

$$Q_r = \frac{\alpha Q_d}{T}$$

式中　Q_r——一级泵站的设计流量，m³/d；
　　　α——输水管漏损和净水构筑物自身用水而加的系数，一般取 $\alpha=1.05\sim1.1$；
　　　Q_d——供水对象最高日流量，m³/d；
　　　T——一级泵站在一昼夜内工作小时数，h。

一级泵站将水直接供给用户或送到地下集水池。当采用地下水作为生活饮用水水源且水质符合卫生标准时，可将水直接供给用户。这时起二级泵站的作用。如送水到集水池，再从集水池用二级泵站将水供给用户，则由于给水系统中没有净水构筑物，故此时泵站设计流量为

$$Q_r = \frac{\beta Q_d}{T}$$

式中　β——给水系统中自身用水系数，一般取 $\beta=1.01\sim1.02$。

一级泵站从水源取水后将水输送到净水构筑物的过程中，一级泵站所需的扬程按下式计算：

$$H = H_{ST} + \sum h_s + \sum h_d$$

式中　H——泵站的扬程，m；
　　　H_{ST}——静扬程，采用吸水井的最枯水位（或最低动水位）与净化构筑物进口水面标高差，m；
　　　$\sum h_s$——吸压水管器的水头损失，m；
　　　$\sum h_d$——输水管路的水头损失，m，安全水头一般为 1～2 m。

直接向用户供水，如用深井泵抽取地下水的扬程：

$$H = H'_{ST} + H_{Sev} + \sum h$$

式中　H'_{ST}——水源井中最枯水位（或最低动水位）与给水管网中控制点的地面标高差，m；

　　　H_{Sev}——管路中的总水头，mH_2O；

　　　$\sum h$——给水管网中控制点所要求的最小自由水压，也称作服务水头，mH_2O。

（2）二级泵站的流量和扬程。

二级泵站一般按最大日逐时用水变化曲线来确定各时段中泵的分级供水线，但是分级不宜太多。

对于小城市的给水系统，由于用水量不大，大多数采用泵站均匀供水方式，即泵站的设计流量按最高日平均时用水量计算。对于大城市的给水系统，有的采取无水塔、多水源、分散供水系统，因此宜采取泵站分级供水方式，即二级泵站的设计流量按最高日最高时用水量计算，而运用多台同型号或不同型号的泵的组合来适应水量的变化。对于中等城市的给水系统，应视给水管网中有无水塔以及水塔在管网中的位置、分多种情况通过管网平差来确定二级泵站的流量和扬程。

2. 选泵要点

选泵就是要确定泵的型号和台数，其要点一般可归纳如下：

①大小兼顾，调配灵活。

②型号整齐，互为备用。

③合理地用尽各泵的高效段。

④近远期相结合。

⑤大中型泵站需给出选泵方案用于比较。

3. 选泵时尚需考虑的其他因素

①水泵的构造形式对泵房的影响，如大小、结构形式和内部布置等。

②保证水泵的正常吸水条件。

③选用效率较高的水泵，尽量选用大泵，一般大泵比小泵效率高。

④选用一定数量的备用泵，以满足在事故情况下的用水要求。

a. 水量不允许减小时：备用两套水泵机组。

b. 水量允许短时间减小时：备用泵应满足最大水量。

c. 允许短时间断水时：备用一台水泵。

⑤选泵时应尽量结合地区条件，优先选择当地制造的成系列生产的、比较定型的和性能良好的产品。

4. 选泵后的校核

在选泵后，需按照火灾时的供水情况校核泵站的流量和扬程是否满足消防要求。

一级泵站一般可以不另设专用的消防泵，而是在补充消防贮备用水时间内，开动备用泵以加强一级泵站的工作。备用泵流量可用下式校核：

$$Q = \frac{t\alpha(Q_f + Q') - tQ_r}{t_f}$$

式中 Q_f —— 设计的消防用水量，m³/h；

       t —— 火灾延续时间，由《建筑设计防火规范（2018 年版）》（GB 50016—2014）确定，h；

       t_f —— 补充消防用水的时间，24～48 h，由用户的性质和消防用水量决定，详见《建筑设计防火规范（2018 年版）》（GB 50016—2014）；

       α —— 计算净水构筑物本身用水的系数；

       Q' —— 最高用水日连续最大 t h 平均用水量，m³/h；

       Q_r —— 一级泵站正常运行时的流量，m³/h。

就二级泵站来说，消防属于紧急情况，应作为一种特殊情况加以考虑。

习 题

一、填空题

1. 选泵的主要依据是所需要的_____、_____以及其_____。

2. 在泵站中泵选好之后，需校核泵站的_____、_____是否满足消防时的要求。

3. 一级泵站的流量和扬程是考虑泵站从_____，输送到_____。

4. 二级泵站一般按_____来确定各时段中泵的分级供水线，但是分级不宜太多。

二、选择题

1. 二级泵站一般按（   ）用水变化曲线来确定各时段中泵的分级供水线。

   A. 平时日平均时

   B. 最大日最大时

   C. 最大日逐时

   D. 平均日最大时

2. 给水泵站选泵的要点是：①大小兼顾，调配灵活；②型号整齐，（   ）；③合理用尽各水泵的高效段。

   A. 便于维护

   B. 互为备用

C. 操作方便

D. 泵房布置整齐

3. 无水塔城市管网供水系统中，送水泵站为满足用水量的变化一般选用（　　）。

A. 一台大泵，因它能够满足最大用水量要求，故也能满足其他情况水量的要求

B. 多种不同型号的水泵单泵工作，以满足不同的流量扬程要求

C. 多台相同或不同型号的水泵组合，以满足不同流量、扬程要求

D. 高效泵

三、判断题

1. 选泵时应选用效率较高的泵，如尽量选用大泵，因为一般而言大泵比小泵的效率高。（　　）

2. 大城市的给水系统，宜采取泵站分级供水方式。（　　）

3. 一级泵站、二级泵站都不用考虑消防校核。（　　）

4. 选泵时，如果用户允许短时间断水，则无须设置备用水泵。（　　）

四、简答题

1. 简述选泵的主要依据。写出从水源取水后将水输送到净水构筑物的一级泵站的设计流量的表达式，并说明各符号的意义。

2. 选泵的要点有哪些？

3. 水泵选取时需考虑哪些因素？

参考答案

一、填空题

1.（流量）（扬程）（变化规律）

2.（流量）（扬程）

3.（水源取水）（净水构筑物）

4.（最大日逐时用水变化曲线）

二、选择题

1. C

2. B

3. C

三、判断题

1. √

2. √

3. ×

4. ×

四、简答题

1.（1）所需的流量、扬程及其变化规律。

（2）$Q_r = \alpha Q_d / T$。

式中　Q_r—— 一级泵站的设计流量，m^3/s。

　　　α—— 输水管漏损和净水构筑物自身用水而加的系数，一般取 $\alpha=1.05 \sim 1.1$。

　　　Q_d—— 供水对象最高日流量，m^3/d。

　　　T—— 一级泵站在一昼夜内工作小时数，h。

2. ①大小兼顾，调配灵活。

②型号整齐，互为备用。

③合理地用尽各泵的高效段。

④近远期相结合。

⑤大中型泵站需给出选泵方案用于比较。

3. ①水泵的构造形式对泵房的影响，如大小、结构形式和内部布置等。

②保证水泵的正常吸水条件。

③选用效率较高的水泵，尽量选用大泵，一般大泵比小泵效率高。

④选用一定数量的备用泵，以满足在事故情况下的用水要求。

a. 水量不允许减小时：备用两套水泵机组。

b. 水量允许短时间减小时：备用泵应满足最大水量。

c. 允许短时间断水时：备用一台水泵。

⑤选泵时应尽量结合地区条件，优先选择当地制造的成系列生产的、比较定型的和性能良好的产品。

4.3 给水泵站配电设施

知识要点

1. 变配电系统中负荷等级及电压选择

（1）负荷等级。

在给水排水工程中，电力负荷等级是根据其重要性和中断供电所造成的损失或影响程度，即用电设备对供电的可靠性来划分，通常分为三级。

①一级负荷：突然中断供电，停止供水或排水，造成人身伤亡或重大设备损坏且长期难以修复，给国民经济带来重大损失或使城市生活发生混乱者。如一、二类城市的大型水源泵站和净（配）水厂，大型雨（污）水泵站和污水处理厂、钢铁厂、炼油厂等重要工业、企业的供水泵站等。

②二级负荷：突然中断供电，停止供水或排水，将造成较大经济损失或给城市生活带来较大影响，但采用适当措施后能够避免的电力负荷。如一、二类城市的中型水源泵站和净（配）水厂，中型雨（污）泵站和污水处理厂；三类城市的主要水源泵站、净（配）水厂及主要雨（污）水泵站和污水处理厂等。

③三级负荷：所有不属于一级及二级负荷的电力负荷。例如：村镇水厂、只供生活用水的小型水厂等。

（2）供电电压选择。

供电电压应根据工程的总用电负荷、主要用电设备的额定电压、供电距离、当地供电网络现状和发展规划等因素进行技术经济比较，并与当地供电部门协商后确定。一般来说，工程用电负荷大、供电距离长时，供电电压应相应提高。目前我国公用电力系统可以给用户提供的供电电压一般有 10 kV、35 kV 和 110 kV 三种。

（3）配电电压的确定。

配电电压的确定与供电电压、主要用电设备额定电压、配电半径、负荷大小和负荷分布有关。

供电电压为 35 kV 及以上的工程，其配电电压一般采用 10 kV；如厂内额定电压为 6 kV 的用电设备的容量超过总容量的 30%，也可考虑将 6 kV 作为配电电压。

供电电压为 10 kV 的工程，一般应采用 10 kV 作为配电电压；当厂内无额定电压为 0.4 kV 以上的用电设备，且用电量较小、厂区面积也较小时，也可用 0.4 kV 作为配电电压。对于供电电压为 10 kV，厂区面积较大、负荷又比较分散的工程，可采用 10 kV 和 0.4 kV 两种电压两级配电的方式。即将 10 kV 作为一级配电电压，先用 10 kV 线路将电力分配到厂内几个负荷相对比较集中的地方，建立各自的 10 kV/0.4 kV 配电所，然后用 0.4 kV 作为二级配电电压再向下一级用电设备配电。

一般由 380 V 电压供电的小型水厂可能只有一个电源。因此，不能确保不间断供水。由 6 kV 或 10 kV 电压供电的中型水厂，需视其重要程度选择由两个独立电源同时供电，或由一个常用电源和一个备用电源供电。6 kV 电源可直接配给泵站中的高压电动机。水厂内其他低压用电设备可通过变压器将电压降至 380 V。10 kV 级的高压电动机产品型号，近年来已逐步增多。

2. 常用的变配电系统

（1）给水泵站中常用的变配电设施。

给水泵站中常用的变配电设施包括：变压器、高压配电柜、低压配电柜、油开关、空气开关等。一般采用电器开关厂的成套设备。

（2）开关柜布置规定。

①开关柜前面的过道宽度不应小于下列数值：低压柜 1.5 m，高压柜 3.0 m。

②背后检修的开关柜与墙壁的净距不宜小于 0.8 m。

（3）配电室建筑设计要求。

①高压配电室长度超过 7 m 时应开两个门，对于 GG-10 型高压开关柜，门宽 1.5 m，门高 2.5~2.8 m。当架空出线时，架空线至室外地坪高度为 4.5 m，高压配电室高度为 5 m；当在开关柜顶上装有母线联络用的隔离开关时，室内净高应为 4.5 m。

②低压配电室的门宽为 1.0 m，并应考虑以下情况确定其数目：

a. 由低压配电室到泵房要方便。

b. 由低压配电室到高压配电室、变压器室要方便。

c. 要考虑操作的路线，值班人员上下班进出要方便。

3. 变电所

（1）变电所的类型及优缺点。

变电所的类型及优缺点见表 4.1。

表 4.1　变电所的类型及优缺点

类型	优点	缺点	适用条件
独立变电所	①便于处理建筑关系；②安全	①浪费有色金属，消耗电能；②维护管理不便	①两个以上泵房；②含有较大容量用电设备
附设变电所	①便于处理建筑结构关系；②变压器靠近用电设备	—	普遍适用
室内变电所	①变压器靠近用电设备；②维护管理方便	其建筑处理比附设变电的建筑处理复杂	普遍适用

（2）变电所位置和数目的确定。

①尽量位于用电负荷中心。

②应考虑周围环境。

③应考虑布线合理性、运输便利性。

④变电所的数目由负荷及分散状况决定。如负荷大、数量少且集中，则变电所应集中设置，建造一个变电所即可，如一级泵房、二级泵房。如果负荷小、数量大且分散，则变电所也应该分散布置，即建若干个变电所，如深井泵房。

⑤考虑发展余地。

（3）变电所和泵房组合布置。

①变电所应尽量靠近电源，低压配电室应尽量靠近泵房。

②线路应顺直并尽量短。

③泵房应可以方便地通向高、低压配电室和变压器室。

④建筑上应注意与周围环境协调。

4．电动机

（1）电动机的选用原则：

①根据所要求的最大功率、转矩和转数选用电动机。

②根据电动机的功率大小、参考外电网电压选用电动机电压。

③根据工作环境和条件选用电动机的外形和构造。

④根据投资少、效率高、运行简便等条件确定电动机类型。

（2）交流电动机调速。

①交流电动机转速公式。

a．同步电动机。

$$n = \frac{60}{P}f$$

式中　n——电动机转速，r/min；

f——交流电源频率，Hz；

P——电动机极对数。

b. 异步电动机。

$$n = \frac{60f}{P}(1-S)$$

式中　S——电动机运行的转差率。

②交流电动机转速调节方法。

a. 变频调速。

变频调速既适用于同步电动机也适用于异步电动机，在异步电动机中应用更为普遍。变频调速是交流电动机转速调节的主要途径。

b. 变极调速。

变极调速改变定子绕组极对数，只适用于笼形异步电机，具有操作简单、效率高、运行可靠、节能效果好等优点。

c. 调节转差率。

调节转差率只适用于异步电动机，常用的调节转差率的调速方法有：定子调压调速、绕线式异步电动机转子串电阻调速、转子串附加电动势调速等。

5. 泵机组的控制设备

电动机的启动方式有：直接启动和降压启动。

（1）直接启动。

利用开关电器将电动机直接接到具有额定电压的电网上的启动方法称为直接启动。直接启动的优点是所需设备少，启动方式简单，成本低；缺点是启动电流大，影响电动机的使用寿命，对电网稳定运行不利。所以大容量的电动机和不能直接启动的电动机都要采用降压启动。

（2）降压启动。

Y-启动：对于正常运行定子绕组为三形接法的鼠笼式异步电动机来说，如果在启动时将定子绕组接成星形，待启动完毕后再接成三角形，就可以降低启动电流，减轻它对电网的冲击，这样的启动方式称为星三角减压启动（简称为星三角启动（Y-））。

自耦减压启动：该启动方式利用自耦变压器的多抽头减压，既能适应不同负载启动的需要，又能得到更大的启动转矩，是一种经常被用来启动较大容量电动机的减压启动方式。

软启动器：该启动方式利用可控硅的移相调压原理来实现电动机的调压启动。它可以实现笼型异步电动机在负载要求的启动特性下无级平滑启动，方便地调节启动电流和启动时间，降低启动电流对电网的冲击，还能直接与计算机实现通信，为智能控制打下了良好的基础。

变频器启动：变频器是现代电动机控制领域技术含量最高、控制功能最全、控制效果最好的电机控制装置，变频器启动通过改变电网的频率来调节电动机的转速和转矩。

习 题

一、填空题

1. 电力负荷等级，是根据用电设备对供电的_____要求决定的，它分为___级。
2. 泵站中常用的变配电设施包括：_____、_____、_____、_____、等。
3. 泵机组的控制设备包括：_____、_____。

二、选择题

1. 给水泵房变电所的数目由负荷的大小及分散情况所决定，如负荷大、数量少且集中时，则变电所应集中设置，建造（　　）变电所即可。

   A. 两个

   B. 按负荷大的数量考虑

   C. 按性质不同考虑

   D. 一个

2. 给水泵房变电所与泵站组合布置时，要考虑变电所尽量靠近（　　），低压配电室应尽量靠近泵房。

   A. 低压配电室

   B. 高压配电室

   C. 控制室

   D. 电源

3.（多选）变电所有（　　）。

   A. 独立变电所

   B. 附设变电所

   C. 室外变电所

   D. 室内变电所

三、判断题

1. 异步电动机旋转磁场同步转速 n 与电动机极对数 P 成反比。（　　）
2. 变频调速既适用于同步电动机也适用于异步电动机。（　　）
3. 变电所和泵房组合布置时，变电所应尽量靠近泵房，低压配电室尽量靠近电源。

（　　）

参考答案

一、填空题

1.（可靠性）（三）

2.（变压器）（高压配电柜）（低压配电柜）（油开关）（空气开关）

3.（手操作启动器）（电磁启动器）

二、选择题

1. D

2. D

3. ABD

三、判断题

1. √

2. √

3. ×

4.4 泵机组的布置与基础

知识要点

1. 泵机组的布置

泵机组布置形式的优缺点见表4.2。

表 4.2 泵机组布置形式的优缺点

布置形式	优缺点	适用条件
纵向排列	优点： ①悬臂式水泵吸水管保持顺直状态； ②布置紧凑； ③跨度小 缺点： ①电机散热条件差； ②起重设备较难选择	①IS型单级单吸悬臂式离心泵； ②悬臂式泵顶端进水，采用纵向排列能便使吸水管保持顺直状态

续表 4.2

布置形式	优缺点	适用条件
横向排列	优点： ①泵房跨度小； ②进出水管顺直，水力条件好； ③水头损失小，节省电耗 缺点 泵房较长	①侧向进水、侧向出水的水泵，如 Sh 型单级双吸卧式离心泵、SA 型单级双吸卧式离心泵； ②吸水管阀门可以放在泵房外
横向双行排列	优点： ①布置紧凑，泵房建筑面积小，节省基建造价； ②管道配件简单，水力条件好。 缺点： ①泵房跨度大； ②水泵倒顺转布置，订货和检修麻烦； ③泵房内较挤，检修空间小； ④需采用桥式起重机	①排列紧凑、节省建筑面积及基建造价时； ②机组较多的圆形取水泵站

2. 泵机组的布置原则

（1）机组间距不妨碍操作和维修的需要。

（2）保证运行安全，装卸、维修和管理方便。

（3）管道总长度最短、接头配件最少、水头损失最小。

（4）考虑泵站远期发展，如扩建的余地。

2. 泵机组的基础

（1）基础的作用与要求。

基础的作用是支承并固定机组，使其运行平稳，不致发生剧烈振动，更不允许产生基础沉陷。因此，对基础的要求是：①坚实牢固，除能承受机组的静荷载之外，还能承受机械振动荷载；②要浇制在较坚实的地基上，不宜浇制在松软地基或新填土上，以免发生基础下沉或不均匀沉陷。

（2）基础尺寸的确定。

①有样本手册时，按样本手册确定基础尺寸。

②无样本手册时，对于有底座的小型水泵：

$$L = L_1 + （0.2 \sim 0.3）$$

式中　L——基础长度，m；

　　　L_1——底座长度，m。

$$B = b_1 + (0.2 \sim 0.3)$$

式中　B——基础宽度，m；

　　　b_1——底座螺钉间距（在宽度方向上），m。

$$H = l_1 + (0.15 \sim 0.20)$$

式中　H——基础高度，m；

　　　l_1——底座地脚螺钉长度，m。

③无样本手册时，对于无底座的大中型水泵：

$$L = L_2 + (0.4 \sim 0.6)$$

式中　L——基础长度（不短于泵和电动机总长），m；

　　　L_2——泵和电动机最外端螺孔间距，m。

$$B = B_1 + (0.4 \sim 0.6)$$

式中　B——基础宽度，m；

　　　B_1——泵或电机或最外端螺钉间距（取其宽者），m。

$$H = l_2 + (0.15 \sim 0.20)$$

式中　H——基础高度，m；

　　　l_2——地脚螺钉的长度，m。

习　题

一、填空题

1. 泵机组有_____、_____以及_____三种常见的布置形式。
2. 单级单吸悬臂式离心泵机组适合采用的泵机组排列形式是_____。
3. _____排列吸水管阀门可以放在泵房外。
4. 基础的作用是_____，使它运行平稳，不致发生剧烈振动，更不允许产生基础沉陷。

二、选择题

1. （多选）泵机组的布置原则有（　　）。

A. 保证运行安全，装拆、维修、管理方便

B. 机组间距不妨碍操作及维修

C. 管道总长度最短，接头配件最少，水损最小

D. 考虑到泵站远期发展

2. （多选）泵机组有哪些布置形式（　　）。

A. 横向排列

B. 随机排列

C. 单列排列

D. 纵向排列

3. 圆形取水泵站，双吸式离心泵的机组台数较多时，采用（　　）方式，可节约工程基建造价。

A. 横向排列

B. 纵向排列

C. 双排对齐排列

D. 横向双行排列

三、简答题

1. 简述泵站中泵机组布置常用的形式及其适用条件。

_____
_____
_____
_____

2. 简述泵机组基础的作用与要求。

_____
_____
_____
_____

参考答案

一、填空题

1.（纵向排列）（横向排列）（横向双行排列）

2.（纵向排列）

3.（横向）

4.（支承并固定机组）

二、选择题

1. ABCD

2. AD

3. D

三、简答题

1.（1）纵向排列，适用于：IS 型单级单吸悬臂式离心泵；悬臂式泵顶端进水，采用纵向排列能使吸水管保持顺直状态。

（2）横向排列，适用于：侧向进水、侧向出水的水泵，如 Sh 型单级双吸卧式离心泵、SA 型单级双卧式离心泵；吸水管阀门可以放在泵房外。

（3）横向双行排列，适用于：排列紧凑、节省建筑面积及基建造价时；机组较多的圆形取水泵站。

2. 基础的作用是支承并固定机组，使其运行平稳，不致发生剧烈振动，更不允许产生基础沉陷。因此，对基础的要求是：①坚实牢固，除能承受机组的静荷载之外，还能承受机械振动荷载；②要浇制在较坚实的地基上，不宜浇制在松软地基或新填土上，以免发生基础下沉或不均匀沉陷。

4.5 吸水管路与压水管路

知识要点

（1）对吸水管路的要求。

①不漏气。吸水管路一般采用钢管，因钢管强度高、接口可焊接，其密封性胜于铸铁管。钢管埋于土中时应涂沥青防腐层。也可采用铸铁管，但施工时接头一定要严密。

②不积气。吸水管路应有沿水流方向连续上升的坡度 i，一般大于 0.005，以免形成气囊，使沿吸水管路的最高点在水泵吸水口顶端。吸水管路断面一般大于泵吸入口断面，以减少水损。吸水管路上的变径管一般为偏心渐缩管，以保持其上端水平。

③不吸气。吸水管进口在最低水位下的淹没深度 h 宜为 (1.0～1.25)D 且不应小于 0.5 m。

（2）对压水管路的要求。

①压水管路通常采用钢管，并尽量采用焊接接口，为便于拆装与检修，可在适当地点设法兰接口。

②压水管路上需设置伸缩节或可曲挠的橡胶接头，在一定部位应设置专门的支墩或拉杆。

③在不允许水倒流的给水系统中，应在压水管路上设置止回阀。

④管径小于 250 mm 时，其设计流速为 1.5～2.0 m/s；管径大于等于 250 mm 时，其设计流速为 2.0～2.5 m/s。

（3）吸水管路、压水管路和输水干管的布置。

①吸水管路的布置。吸水管路中一般没有联络管，如果必须设置联络管，则在其上应设置必要数量的闸阀，但是这种情况应尽量避免。

②压水管路的布置。需满足任意一台水泵、阀门在检修时不影响其他水泵工作,且每台水泵均能输水至任何一条输水管。

③输水干管的布置。输水干管通常设置两条,必须考虑当一条输水干管发生故障需要修复或工作泵发生故障改用备用泵送水时,是否能将水送往用户。

习　题

一、填空题

1. 对吸水管路的要求是_____、_____、_____。

2. 对于压水管路而言,管径小于 250 mm 时,其设计流速为_____ m/s;管径大于等于 250 mm 时,其设计流速为_____ m/s。

3. 吸水管路上的变径管一般为_____管。

二、选择题

1. 水泵吸水管的流速在确定时应根据管径的不同来考虑。当 $D=250\sim1\ 000$ mm 时,$v=$（　　）m/s。

A. 1.0～1.2

B. 1.2～1.6

C. 1.6～2.0

D. 1.5～2.5

2.（多选）压水管路中设置伸缩节或可曲挠的橡胶接头,在一定部件还应设专门的（　　）。

A. 拉杆

B. 联络管

C. 支墩

D. 格栅

3. 吸水管中的设计流速:管径小于 250 mm 时,为（　　）m/s。

A. 0.8～1.0

B. 1.0～1.2

C. 1.2～1.4

D. 1.4～1.6

三、判断题

1. 压水管路通常采用钢管,尽量采用焊接接口。　　　　　　　　　　　　　（　　）

2. 水管路布置时坚决不能设置联络管。　　　　　　　　　　　　　　　　　（　　）

3. 一般输水干管设置 1 条即可满足供水要求。　　　　　　　　　　　　　　（　　）

四、简答题

1. 简述吸水管路的要求及原因。

2. 吸水管路、压水管路和输水干管的布置要求。

参 考 答 案

一、填空题

1.（不漏气）（不积气）（不吸气）

2.（1.5～2.0）（2.0～2.5）

3.（偏心渐缩）

二、选择题

1. B

2. AC

3. B

三、判断题

1. √

2. ×

3. ×

四、简答题

1.（1）不漏气（吸水管路一般采用钢管，采用铸铁管时施工接头一定要严密）。

（2）不积气（应使吸水管路由沿水流方向连续上升的坡度 $i > 0.005$，以免形成气囊；使沿吸水管路的最高点在水泵吸水口顶端；吸水管路断面一般大于水泵吸水口断面，以减少水损；吸水管路上变径管采用偏心渐缩管，以保持其上端水平）。

（3）不吸气（吸水管路进口在最低水位下淹没深度宜为$(1.0～1.25)D$且不应小于 0.5 m）。

2. ①吸水管路的布置。吸水管路中一般没有联络管。如果必须设置联络管，则在其上应设置必要数量的闸阀，但是这种情况应尽量避免。

②压水管路的布置。需满足任意一台水泵、阀门在检修时不影响其他水泵工作，且每台水泵均能输水至任何一条输水管。

③输水干管的布置。输水干管通常设置两条，必须考虑当一条输水干管发生故障需要修复或工作泵发生故障改用备用泵送水时，是否能将水送往用户。

4.6 给水泵站水锤及其防护

知识要点

1. 停泵水锤的概念

在压力管道中，由于流速的剧烈变化而引起一系列剧烈的压力交替升降的水力冲击现象，称为水锤（又称水击）。

所谓停泵水锤是指水泵机组因突然失电或其他原因，造成开阀停车时，在水泵及管路中水流速度发生递变而引起压力递变现象。

2. 停泵水锤产生的原因

①由于电力系统或电力设备突然发生故障、人为的误操作等致使电力供应突然中断。
②雨天雷电引起突然断电。
③泵机组突然发生机械故障。
④自动化泵站中维护管理不善。

3. 停泵水锤防护措施

①设置水锤消除器（下开式水锤消除器、自动复位下开式水锤消除器）。
②设空气缸。
③采用缓闭阀。
④设置多功能水泵控制阀。
⑤设置空气阀。
⑥设置双向调节塔。
⑦设置单向调节塔。
⑧取消止回阀。

习 题

一、填空题

1. 在压力管道中,由于_____的剧烈变化而引起一系列剧烈的_____交替升降的水力冲击现象,称为水锤。

2. 停泵水锤是指水泵机组因_____或其他原因,造成_____时,在水泵及管路中水流速度发生递变而引起压力递变现象。

二、选择题

1. 以下哪项不是停泵水锤的保护措施(   )。

    A. 设置水锤消除器

    B. 设空气缸

    C. 采用缓闭阀

    D. 采用止回阀

2. 所谓的停泵水锤是指水泵机组突然失电或其他原因,造成水泵(   ),在水泵及管路中水流速度发生递变而引起的压力递变的现象。

    A. 开阀停车

    B. 闭阀停车

    C. 止回阀突然关闭

    D. 叶轮反转

三、判断题

1. 由于电力系统或电力设备突然发生故障,人为的误操作等致使电力供应突然中断,会引发停泵水锤。   （   ）

2. 自动化泵站中维护管理不涉及停泵水锤的问题。   （   ）

3. 雨天雷电引起突然断电会导致停泵水锤。   （   ）

四、简答题

1. 什么是停泵水锤?

2. 停泵水锤产生的原因。

_____

_____

_____

3. 请列出防止停泵水锤的措施。

_____

_____

_____

_____

参考答案

一、填空题

1.（流速）（压力）

2.（突然失电）（开阀停车）

二、选择题

1. D

2. A

三、判断题

1. √

2. ×

3. √

四、简答题

1. 停泵水锤是指水泵机组因突然失电或其他原因，造成开阀停车时，在水泵及管路中水流速度发生递变而引起压力递变现象。

2. 停泵水锤产生的原因：

①由于电力系统或电力设备突然发生故障、人为的误操作等致使电力供应突然中断。

②雨天雷电引起突然断电。

③泵机组突然发生机械故障。

④自动化泵站中维护管理不善。

3. 防止水锤的措施：

①设置水锤消除器（下开式水锤消除器、自动复位下开式水锤消除器）。

②设空气缸。

③采用缓闭阀。

④设置多功能水泵控制阀。

⑤设置空气阀。

⑥设置双向调节塔。

⑦设置单向调节塔。

⑧取消止回阀。

4.7 给水泵站噪声及其消除

知识要点

1. 泵站中的噪声源

工业噪声可以分为空气动力性噪声、机械性噪声和电磁性噪声 3 种。

(1) 空气动力性噪声。

空气动力性噪声由气体振动产生。当气体中有涡流或发生压力突变时，引起气体的扰动，就产生了空气动力性噪声，例如通风机、鼓风机、空气压缩机等产生的噪声。

(2) 机械性噪声。

机械性噪声由固体振动而产生。在撞击、摩擦、交变的机械应力作用下，机械的金属板、轴承、齿轮等发生振动，就产生了机械性噪声，例如车床、阀件、泵轴承等产生的噪声。

(3) 电磁性噪声。

电磁性噪声是指因电磁交替变化而引起的某些机械部件或空间容积振动而产生的噪声，例如电动机、变压器等产生的噪声。

2. 泵站中的噪声源

泵站中的噪声源有：电动机噪声、泵和液力噪声（由液体流出叶轮时的不稳定流动产生）、风机噪声、阀件噪声和变压器噪声等。其中以电动机转子高速转动时，引起转子与定子间的空气振动而发出的高频声响为最大。

3. 噪声的危害

(1) 造成职业性听力损失。

(2) 诱发多种疾病。

(3) 影响正常生活。

(4) 降低劳动生产率。

4. 泵站内噪声的防治

防治噪声最根本的办法是从声源上治理，由于技术或经济上的原因，直接从声源上治理噪声很困难，较一般需要采取吸声、消声、隔声、隔振等噪声控制技术。

①吸声。用吸声材料装饰在水泵房的内表面，或在高噪声房间悬挂空间吸声体，将室内的声音吸掉一部分，以降低噪声。

②消声。可采用消声器，它是消除空气动力性噪声的重要技术措施，把消声器安装在气体通道上，噪声被降低，而气体可以通过。

③隔声。把发音的物体或者需要安静的场所封闭在一定的空间内，使其与周围环境隔绝，如做成隔音罩或隔音间。

④隔振。是在机组下装置隔振器，使振动不至传递到其他结构体而产生辐射噪声。

习 题

一、填空题

1. 工业噪声的种类有：_____、_____、_____3 种。
2. 泵站内噪声的防治方法包括：_____、_____、_____、_____4 种。
3. 泵站内吸声是用_____装饰在水泵房的内表面，将室内的声音吸掉一部分，以降低噪声。
4. 泵站内消音可采用_____，它是消除空气动力性噪声的重要技术措施，把消声器安装在气体通道上，噪声被降低，而气体可以通过。

二、选择题

1. 泵站噪声中（　　）发出的高频声响最大。

A. 风机

B. 变压器

C. 阀件

D. 电动机转子与定子

2. 下列工业噪声，不属于空气动力性噪声的是（　　）。

A. 通风机

B. 车床

C. 鼓风机

D. 空气压缩机

3. 隔振是在机组下装置（　　），使振动不至传递到其他结构体而产生辐射噪声。

A. 风机

B. 变压器

C. 阀件

D. 隔振器

4.（多选）下列属于防噪措施的有（　　）。

A. 隔声罩

B. 橡胶隔振垫

C. 防水电机

D. 用多孔材料装饰泵房内墙

参考答案

一、填空题

1. （空气动力性噪声）（机械性噪声）（电磁性噪声）

2. （吸音）（消音）（隔音）（隔振）

3. （吸声材料）

4. （消声器）

二、选择题

1. D

2. B

3. D

4. ABD

4.8　给水泵站中的辅助设施

知识要点

1. 计量设施

为了有效地调度给水泵站的工作，并进行经济核算，给水泵站内必须设置计量设施。目前，水厂给水泵站中常用的计量设施有电磁流量计、超声波流量计、插入式涡轮流量计、插入式涡街流量计以及均速管流量计等。

（1）电磁流量计。

电磁流量计是利用电磁感应定律制成的流量计，当被测的导电液体在导管内以平均速度 v 切割磁力线时，便产生感应电势。感应电势的大小与磁力线密度和导体运动速度成正比。所以当磁力线密度一定时，流量将与产生的电动势成正比。测出电动势，即可算出流量。

电磁流量计由电磁流量传感器和电磁流量转换器组成。电磁流量传感器安装在管道上，把管道内通过的流量变换为交流毫伏级的信号；电磁流量转换器则把信号放大，并转换成0~10 mA直流电信号输出，与其他电动仪表配套，进行记录指示、调节控制。

电磁流量计的特点：电磁流量传感器的结构简单，工作可靠；水头损失小且不易堵塞、电耗少；无机械惯性、反应灵敏，可以测量脉动流量，流量测量范围大；输出信号与流量呈线性关系，安装方便；质量轻，体积小，占地少；价格较高，怕潮、怕水浸。

（2）超声波流量计。

超声波流量计是利用超声波在流体中传播时载上流体流速的信息，通过所接收的超声波可检测流体的流速，从而计算出流量。根据不同检测原理分类：①传播时间法；②多普勒效应法；③波束偏移法；④相关法；⑤噪声法。目前实际运用的最多的是传播时间法和多普勒效应法。

（3）插入式涡轮流量计。

插入式涡轮流量计主要由传感器和显示仪两部分组成。利用传感器的插入杆将一个小尺寸的涡轮头插到被测管道的某一深处，当流体流过管道时，推动涡轮头中的叶轮旋转，在较宽的流量范围内，叶轮的旋转速度与流量成正比。利用磁阻式传感器的检测线圈内磁通量发生周期性变化，在检测线圈的两端发生电脉冲信号，从而测出涡轮叶片的转数进而测得流量。

（4）插入式涡街流量计。

插入式涡街流量计又称卡门涡街流量计，它是根据德国著名学者卡门发现的"旋涡现象"而研制的测量装置。"旋涡现象"认为：液流通过一个非流线形的障碍挡体时，在挡体两侧便会周期性地产生两列内漩的交替出现的漩涡。当两列漩涡的间距 h 与同列两个相邻漩涡之间的距离 L 之比满足 $h/L \leq 0.281$ 时，所产生的漩涡是稳定的，经得起微扰动的影响，成为稳定涡街。插入式涡街流量计主要部件为传感器及转换器等。

（5）均速管流量计。

均速管流量计是基于早期毕托管测速原理而来的一种新型流量计，主要由双法兰短管、测量体铜棒、导压管及差压变送器、开方器及流量显示、记录仪表等组合而成。其是根据流体的动、势能转换原理，综合了毕托管和绕流圆柱的应用技术制成的。

2. 引水设备及方法

水泵有自灌式和吸入式两种工作方式。装有大型水泵、自动化程度高、供水安全要求高的给水泵站，宜采用自灌式。自灌式工作的水泵外壳顶点应低于吸水池内的最低水位。当水泵采用吸入式工作方式时，在启动前必须引水，引水方法可分为两类：一是吸水管带有底阀；一是吸水管上不装底阀。

（1）吸水管带有底阀。

①人工引水：将水从泵顶的引水孔灌入泵内，同时打开排气阀。该方法适用于临时性供水且为小泵的场合。

②用压水管中的水倒灌引水：当压水管内经常有水，且水压不大而无止回阀时，直接打开压水管上的闸阀，将水倒灌入泵内。此法设备简单，一般中小型泵（吸水管直径在 300 mm 以内时）多采用此方法。

（2）吸水管上不装底阀。

①真空泵引水：此法在泵站中采用较为普遍，其优点是水泵启动快、运行可靠、易于实现自动化。目前使用较多的是水环式真空泵。

②水射器引水：利用压力水通过水射器喷嘴产生高速水流，使喉管进口处形成真空的原理，将泵内的气体抽走。因此，为使水射器工作，必须供给压力水作为动力。水射器具有结构简单、占地少、安装容易、工作可靠、维护方便等优点，是一种常用的引水设备；缺点是效率低，需供给大量的高压水。

3. 起重设备

泵房中必须设置起重设备以满足安装与维修需要。起重设备的服务对象主要为：水泵、电机、阀门及管道。常用的起重设备有移动吊架、单轨吊车梁和桥式行车（包括悬挂起重机）3 种，除移动吊架为手动外，其余两种既可手动也可电动。当大型泵站中的设备大到一定程度时，要考虑解体吊装，一般以 10 t 为限。

4. 通风与采暖设备

泵房内一般采用自然通风。地面式泵房为了改善自然通风条件，往往设有高低窗，并且保证足够的开窗面积。当泵房为地下式或电动机功率较大时，自然通风不够，宜采用机械通风。机械通风分抽风式与排风式。泵房通风设计主要内容是布置风道系统与选择风机，选择风机的依据是风量和风压。

在寒冷地区，泵房应考虑采暖设备。泵房供暖温度：对于自动化泵站，机器间为 5 ℃；非自动化泵站，机器间为 16 ℃；在计算大型泵房供暖时，应考虑电动机所散发的热量，但也应考虑冬季天冷停机时可能出现的低温；辅助房间室内温度在 18 ℃以上；对于小型泵站可用火炉取暖，我国南方地区多用此法；大中型泵站亦可考虑采取集中供暖方法。

5. 其他设施

①排水设施。

②通信设施。

③防火与安全设施。

习　　题

一、填空题

1. 水厂泵站中常用的计量设施有：_____、_____、插入式涡轮流量计、插入式涡街流量计、_____。

2. 吸水管上装底阀的水泵常用_____和_____的引水方法。

3. 吸水管上不装底阀的水泵常用_____和_____的引水方法。

4. 泵站中常用的起重设备有：_____、_____、_____。

5. 泵站中的通风可采用：_____和_____两种方式。

二、选择题

1. 下列描述不符合电磁流量计特点的（   ）。

A. 传感器结构简单，工作可靠

B. 质量大，体积大，占地面积大

C. 反应灵敏，测量范围大

D. 水头损失小，电耗少

2. 泵房内一般采用自然通风，当泵房为地下式或电动机功率较大，自然通风不够，要采用机械通风，机械通风分（   ）。

A. 整体式和局部式

B. 热压式与风压式

C. 鼓风机与压缩机

D. 抽风式与排风式

3. 大型泵站中当设备大到一定程度时，考虑解体吊装，一般以（   ）t 为限。

A. 20　　　　　　　B. 25　　　　　　　C. 30　　　　　　　D. 10

三、判断题

1. 泵房内主要靠机械通风。   （   ）

2. 自灌式工作的水泵外壳顶点应高于吸水池内最低水位。   （   ）

3. 水射器引水主要使喉管进口处形成真空，因此多采用水环式真空泵给压力水提供动力。   （   ）

4. 当磁力线密度一定时，流量将与产生的电动势成正比。   （   ）

5. 电磁流量计由电磁流量传感器和电磁流量转换器两大部分组成。（   ）

四、简答题

1. 给水泵站的辅助设施包括什么。

_____

_____

_____

_____

2. 当水泵在吸入式工作时，在启动前必须引水，引水方法是如何分类的？简述每种方法的工作特点。

参 考 答 案

一、填空题

1.（电磁流量计）（超声波流量计）（均速管流量计）

2.（人工引水）（用压水管中的水倒灌引水）

3.（真空泵引水）（水射器引水）

4.（移动吊架）（单轨吊车梁）（桥式行车）

5.（自然通风）（机械通风）

二、选择题

1. B

2. D

3. D

三、判断题

1. ×

2. ×

3. ×

4. √

5. √

四、简述题

1. ①计量设施如电磁流量计；②引水设备如真空泵；③起重设备如移动吊架；④通风与采暖设备；⑤其他设施：排水设施、通信设施、防火与安全设施。

2. 当水泵在吸入式工作时，在启动前必须引水，引水方法可分为两类：一是吸水管带有底阀；一是吸水管上不装底阀。

（1）吸水管带有底阀。

①人工引水：将水从泵顶的引水孔灌入泵内，同时打开排气阀。该方法适用于临时性供水且为小泵的场合。

②用压水管中的水倒灌引水：当压水管内经常有水，且水压不大而无止回阀时，直接打开压水管上的闸阀，将水倒灌入泵内。此法设备简单，一般中、小型水泵（吸水管直径在300 mm 以内时）均采用此方法。

（2）吸水管上不装底阀。

①真空泵引水：此法在泵站中采用较为普遍，其优点是水泵启动快、运行可靠、易于实现自动化。目前使用较多的是水环式真空泵。

②水射器引水：利用压力水通过水射器喷嘴产生高速水流，使喉管进口处形成真空的原理，将泵内的气体抽走。因此，为使水射器工作，必须供给压力水作为动力。水射器具有结构简单、占地少、安装容易、工作可靠、维护方便等优点，是一种常用的引水设备；缺点是效率低，需供给大量的高压水。

4.9 给水泵站的节能

知识要点

给水泵站机泵的耗电占整个供水系统耗电的95%～98%，给水泵站节能意义重大，应该体现在给水泵站的设计、运行、改造、管理的每一个环节。

1. 给水泵站的节能设计

给水泵站节能设计的节能措施包括：水泵的合理选型、调速装置的采用、切削叶轮、管道经济管径的确定、低能耗阀件的采用等。

水泵的合理选型是泵站节能的基础，应建立各种泵型的数据库，存储泵的型号、流量、扬程、轴功率、配用功率、效率、进出口径、转速、气蚀性能、安装尺寸、生产厂家等信息。经多种方案的技术经济比较后，选定优质、高效的泵及泵的组合。当泵站的工况变化幅度很大时（如水源水位涨落幅度大时，取水泵站的扬程变化就很大；用水量变化大的城市，其送水泵站流量变化就大），泵的组合也难以达到节能的要求，此时就必须采用调速装置或切削叶轮的方式。

（1）考虑调速装置后的选泵原则。

①为适应各种工况变化，宜采用调速泵与定速泵联合运行。

②以最不利工况作为选泵依据，即调速泵以额定转速与定速泵联合运行时，应满足最大用水时的流量和扬程要求。当流量减少时，可通过关停泵或降低调速泵的转速来适应工况的变化。

③在绝大多数的工况下，定速泵与调速泵均应工作在高效范围内。这是选择调速装置的基本出发点。

④调速泵一般不宜上调。下调时,其转速不能过低,否则效率会下降。当转速下降到一定程度时,其 Q-H 性能曲线下移过多,零流量时的静态扬程小于定速泵的工作扬程,导致调速泵出水受阻,调速泵不能与定速泵并联运行。调速泵的转速一般控制在其额定转速的50%左右。

⑤当考虑调速装置后,泵站内的泵型号一般不超过两种。调速泵应按主力泵考虑,其台数以 2 台为宜,使调速泵经常处于高效范围内运行,并可避免定速泵的频繁启停。

(2) 泵站中的吸、压水管及输水管管径的大小对泵站节能也有较大影响。管径越大,水头损失就越小,泵站的运行费用就越低。但管径增大又会使管路的投资增加。因此必须根据泵站运行费用和管路投资之和为最小的原则来确定管径,此管径称为经济管径。

(3) 电动机及配电系统的节能,主要措施是选用高效的电动机。从节约能源、保护环境出发,高效率电动机是发展趋势。

2. 给水泵站的节能运行、改造与管理

给水泵站在运行中必须辅以各种运行、改造与管理手段才能保证泵站的高效运行。取水泵站的流量一般是恒定的,而扬程随着水源水位的变化而变化。因此,一般采用"恒流量变压力"的控制方式,可通过调速、切削叶轮等节能措施来达到此目的。

对于水位变幅较大的取水泵站可考虑在洪水位期间减少一台泵运行。

送水泵站的工况变化比取水泵站更频繁、更复杂。对于多泵站的城市输配水系统,各个送水泵站的流量和压力必须由供水企业的调度中心通过优化调度来决定,是随时变化的。但为了控制方便,目前常常采用"变流量恒压力"方式来控制泵的运行。要达到"变流量恒压力"的目的,常常通过泵的组合、调速来实现。

当给水泵站的实际工况与设计工况相差很远时,改造是必要的。另外,机泵的老化以及新型节能设备的出现,也对给水泵站提出了更新与改造的要求,应从经济效益和供水安全性出发,提出相应计划和措施。

我国工业和信息化部在根据能效要求逐年公布一批淘汰的机电产品名单的同时,也提出了替代这些机电产品的新型号,其目的是逐步以节能型的机泵产品替代效率低的机泵产品。

习 题

一、选择题

1. ( ) 是泵站节能的基础,应建立各种泵型的数据库。

A. 水泵选型

B. 水泵扬程

C. 水泵机组

D. 水泵流量

2. 在绝大多数的工况下，（　　）应工作在高效范围内，这是选择调速装置的基本出发点。

A. 定速泵

B. 定速泵与调速泵

C. 调速泵

D. 切削泵

3. 根据泵站运行费用和管路投资之和为最小的原则来确定管径，此管径称之为（　　）。

A. 最大管径

B. 最小管径

C. 最短管径

D. 经济管径

4. （多选）泵站节能设计的节能措施包括（　　）。

A. 泵型的合理选择

B. 调速装置的采用

C. 切削叶轮

D. 管道经济管径的确定

E. 低能耗阀件的采用

5. 送水泵站常常采用（　　）方式来控制泵的运行。

A. 恒流量恒压力

B. 变流量变压力

C. 变流量恒压力

D. 恒流量变压力

二、判断题

1. 采用调速泵与定速泵联合运行有利于适应各种工况变化。　　　　　　（　　）

2. 泵站中的吸、压水管及输水管管径的大小对泵站节能没有影响。　　　（　　）

3. 电动机及配电系统的节能，主要措施是选用高效的电动机。　　　　　（　　）

4. 我国工业和信息化部会根据能效要求逐年公布一批淘汰的机电产品名单，其目的是保护生产企业。　　　　　　　　　　　　　　　　　　　　　　　　　　（　　）

参 考 答 案

一、选择题

1. A

2. B

3. D

4. ABCDE

5. C

二、判断题

1. √

2. ×

3. √

4. ×

4.10 给水泵站 SCADA 系统

知识要点

1. SCADA 系统的定义

SCADA 系统即监控与数据采集系统，将先进的计算机技术、工业控制技术、通信技术有机地结合在一起，既具有强大的现场测控功能，又具有极强的组网通信功能，是自动化领域广泛应用的重要系统之一。给水泵站 SCADA 系统的建设是城市智慧供水的必要条件，是保障泵站安全、高效运行的必要措施。

2. SCADA 系统的功能

（1）数据实时采集。

（2）数据实时传输。

（3）信息实时处理。

（4）控制远程执行。

3. 给水泵站 SCADA 系统的组成

城市给水泵站 SCADA 系统是城市给水管网 SCADA 系统的重要组成部分。现代 SCADA 系统一般采用多层体系结构，多由设备层、控制层、调度层、信息层等构成。

（1）设备层：包括各类传感器、变送器、执行器，一般安装于被控生产过程现场，将生产过程中的物理量转换为电信号，或将数字信息发送至远程控制层，或将控制层输出的控制量转换成机械位移，实现对生产过程的控制。设备层的设备一般安装于被控生产过程的现场。典型的设备是各类传感器、变送器和执行器，它们将生产过程中的各种物理量转换为电信号（一般变送器）或数字信号（现场总线变送器）送往控制层，或者将控制层输出的控制量（电信号或者数字信号）转换成机械位移，带动调节机构，实现对生产过程的控制。

（2）控制层：设有多个控制站，每个控制站与相应设备层相连接，接收设备层提供的生产状态信息，按照一定的策略计算出所需的控制量并送回设备层，同时将信息进行必要处理送到其他控制站和调度层。控制层各控制站之间连成控制网络，以实现数据交换。当给水泵站 SCADA 系统作为给水管网 SCADA 系统的一部分建设时，取水泵站、送水泵站、加压泵站均作为给水管网 SCADA 系统的一个控制站。控制层一般由可编程控制器（PLC）或远方终端（RTU）组成。

（3）调度层：设有监控站、维护站、数据站、通信站等，往往由多台计算机联成的局域网构成。①监控站是操作员与操作系统相互交换信息的人机接口，一般由一台具有较强图形功能的计算机以及相应的外部设备组成。②维护站是为了控制工程师对控制系统进行配置、组态、调试、维护所设置的工作站，通过它可实时修改监控站及控制层的数据与软件程序。维护站一般由一台计算机配置一定数量的外部设备所组成。③数据站的主要任务是存储过程控制的实时数据、实时报警、实时趋势等与生产密切相关的数据，同时进行事故分析、性能优化计算、故障诊断等。④通信站主要用来与外界系统进行通信，如给水泵站的 SCADA 系统与供水企业的 MIS、供水管网 GIS 的通信等。

（4）信息层：提供全球范围信息服务与资源共享，包括供水企业内部网络共享信息。由于取水泵站、送水泵站往往属于某个水厂的管理范围，因此泵站 SCADA 系统的控制层、调度层可以与水厂过程控制系统的监控层合并建设。

4．SCADA 系统的技术基础

（1）计算机技术：用作调度主机和数据服务器。

（2）通信技术：设备底层的通信、控制层的通信、调度层的通信、设备层与控制层的通信、控制层与调度层的通信、调度层与信息层的通信。

（3）控制技术：工控机（IPC）、可编程逻辑控制器（PLC）、远方终端（RTU）等。

（4）传感技术：在 SCADA 系统的现场设备层安装有许多传感器，以完成数据采集任务。

5．SCADA 系统的发展趋势

（1）开放系统。

（2）采用通用组态软件开发。

（3）监控系统与故障诊断技术的紧密结合。

（4）应用软件的开发。

（5）信息系统的集成。

习　题

选择题

1. 以下哪项不是泵站 SCADA 系统的基本功能（　　）。

A. 数据实时采集

B. 数据实时传输

C. 信息实时处理

D. 控制实时执行

2. (多选)给水泵站 SCADA 系统的组成包括(　　)。

A. 设备层

B. 控制层

C. 调度层

D. 信息层

3. (多选)SCADA 系统的技术基础(　　)。

A. 计算机技术

B. 通信技术

C. 控制技术

D. 传感技术

参考答案

选择题

1. D

2. ABCD

3. ABCD

4.11　给水泵站的土建要求

知识要点

1. 一级泵站

地面水源一级泵站往往建成地下式。泵房筒体和底板要求不透水,有一定自重以抵抗浮力。一级泵站多采用沉井法施工、圆形钢筋混凝土结构。其泵房一般采取整体浇筑的混凝土底板或钢筋混凝土底板,并与泵机组的基础浇筑成一体。其配电设备一般放在上层以充分利用泵房内空间。其压水管路的附件一般设在泵房外的闸阀井。一级泵站与切换井间的管道应敷设于支墩或钢筋混凝土垫板上,避免不均匀沉降。其泵房内壁四周应有排水沟,水汇集到集水坑中,然后用排水泵抽走。

一级泵站一般需要另外接入自来水作为泵机组的水封用水。

地下式一级泵站中，上下垂直交通可设 0.8~1.2 m 宽的坡度为 1∶1 或稍小于该坡度的扶梯，每两个平台间不超过 20 级踏步；站内一般不设卫生间、贮藏室；为防止火灾，泵站内外要考虑灭火设备；应考虑扩建问题；大门应比最大设备外形尺寸大 0.25 m；纵墙方向开窗，窗户面积最好大于地板面积的 1/4；附近没有修理厂时，应在泵房内留出 6~10 m² 的面积，作为修理和放置备用零件的场所。

2. 二级泵站

二级泵站的工艺特点是泵机组多、占地面积大、吸水条件好，大多建成地面式或半地下式。

二级泵站设计时应结合土建与供电一并考虑，土建结构应满足工艺布置的要求。

二级泵站属于一般工业建筑，常用柱墩式基础，墙壁用砖砌筑于地基梁上，外墙厚度根据当地气候而定；为了防潮，墙身用防水砂浆与基础隔开；对于装有桥式吊车的泵房，墙内需设置壁柱；应考虑防止噪声和抗震设计。二级泵站内外应设置灭火设施或消火栓；二级泵站内应设电话机，供联络用。

3. 循环泵站

循环泵站在选泵和布置机组时，必须考虑必要的备用率和安全供水措施。

循环泵站中有冷、热两种泵。当条件允许时，应尽量利用废热水本身的余压直接将废热水送到冷却构筑物上去冷却，这样可以省去一组热水泵机组。

设有冷水和热水泵机组的循环泵房，在平面上常有以下几种布置形式：

（1）机组横向双行交错排列布置，适用于机组较多、泵都是相同转向的情况。优点是布置紧凑，泵房跨度较小。缺点是吸水管与压水管均须横向穿过泵房，增加管沟或管桥设施。

（2）冷、热水泵都有正反两种转向，冷、热吸水池可以设在泵房的同一侧。

（3）机组纵向双行排列布置，适用于机组较多的情况。其优点是管道布置在泵房两侧，不需横穿泵房，因此通道比较宽敞，便于操作检修；缺点是泵房跨度较大。

（4）机组纵向单行排列布置，适用于机组较少的情况。冷水池与热水池可以布置在泵房的同一侧或者分开布置在泵房的两侧。亦可采取泵机组轴线位于同一直线的单行顺列，此时管道的水力条件较好，但泵房长度较大。

4. 深井泵站

深井泵站通常由泵房和变电所组成。其泵房的形式有地面式、半地下式和地下式 3 种，以前两种为好。

深井泵站的泵房平面尺寸一般均很紧凑，因此选用尺寸较小的设备对缩小平面尺寸有很大意义；设计时应与机电密切配合，选择效能高、尺寸小、占地少的机电设备；应考虑泵房屋顶的处理，屋顶检修孔的设置以及泵房的通风、排水等问题。

习 题

一、填空题

1. 循环泵站中泵机组较多，泵都是相同转向，机组采用_____布置。
2. 深井泵房的形式有_____、_____和_____。
3. 泵房内壁四周应有_____，水汇集到集水坑中，然后用_____抽走。

二、选择题

（多选）一级泵站的土建特点有：（ ）。

A. 一般为"地上式"

B. "贵在平面"

C. 一般为圆形钢筋混凝土结构

三、判断题

1. 大多数二级泵站建成地面式或半地下式。　　　　　　　　　　（ ）
2. 取水泵房一般采用方形建筑。　　　　　　　　　　　　　　　（ ）
3. 取水泵房一般呈长方形，而送水泵房一般呈圆形。　　　　　　（ ）
4. 泵房四周应有排水沟，水汇集到集水坑中，用排水泵抽走。　　（ ）

参 考 答 案

一、填空题

1. （横向双行交错排列）
2. （地面式）（半地下式）（地下式）
3. （排水沟）（排水泵）

二、选择题

BC

三、判断题

1. √
2. ×
3. ×
4. √

第 5 章 排水泵站

5.1 排水泵站分类与特点

知识要点

1. 排水泵站的组成

排水泵站的基本组成包括：机器间、集水池、格栅、辅助间、变电所。

（1）机器间内设置泵机组和有关的附属设备。

（2）格栅和吸水管安装在集水池内，集水池还可以在一定程度上调节来水的不均匀性，使泵均匀工作。

（3）辅助间一般包括贮藏室、修理间、休息室和厕所等。

2. 排水泵站的分类

（1）按其排水性质：污水（生活污水、生产污水）泵站、雨水泵站、合流泵站和污泥泵站。

（2）按其在排水系统中的作用：中途泵站（又称区域泵站）和终点泵站（又称总泵站）。中途泵站通常是为了避免排水干管埋设太深而设置的。终点泵站即是将整个城镇的污水或工业企业的污水抽送到污水处理厂或将处理后的污水进行农田灌溉/直接排入水体的泵站。

（3）按其启动前能否自留充分水：自灌式泵站和非自灌式泵站。

（4）按其平面形状：圆形泵站和矩形泵站。

（5）按其集水池和机器间的组合情况：合建式泵站和分建式泵站。

（6）按其所采用泵的特殊性：潜水泵站和螺旋泵站。

（7）按其控制方式：人工控制泵站、自动控制泵站和遥控控制泵站。

3. 排水泵站的基本类型

排水泵站的类型取决于进水管渠的埋设深度、来水流量、泵机组的型号与台数、水文地质条件以及施工方法等因素。

(1) 合建式圆形排水泵站。

图 5.1 为合建式圆形排水泵站，装设卧式污水泵，自灌式工作，适合于中小型排水量，泵不超过 4 台。优点：圆形结构受力条件好，便于采用沉井法施工，可降低工程造价；泵启动方便，易于根据吸水井中水位实现自动操作。缺点：机器内机组与附属设备布置较困难，当泵房很深时，工人上下不方便；电动机容易受潮；由于电动机深入地下，需考虑通风设施，以降低机器间的温度。

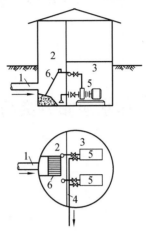

图 5.1 合建式圆形排水泵站

1—排水管渠；2—集水池；3—机器间；4—压水管；5—卧式污水泵；6—格栅

(2) 合建式矩形排水泵站。

图 5.2 为合建式矩形排水泵站，装设立式污水泵，自灌式工作，适用于大型泵站。优点：泵为 4 台或更多时，采用矩形机器间可使机组、管道和附属设备的布置较为方便，启动操作简单，易于实现自动化；电气设备置于上层，不易受潮，工人操作管理条件良好。缺点：建造费用高；当土质差、地下水位高时，不利施工，不宜采用。

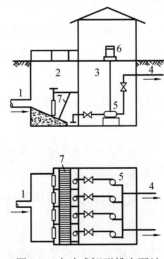

图 5.2 合建式矩形排水泵站

1—排水管渠；2—集水池；3—机器间；4—压水管；5—立式污水泵；6—立式电动机；7—格栅

(3) 分建式矩形排水泵站。

图 5.3 为分建式矩形排水泵站。当土质差、地下水位高时，将集水池与机器间分开修建较为合理。将一定深度的集水池单独修建，施工上相对容易。为了减小机器间的地下部分深度，应尽量利用泵的吸水能力，以提高机器间标高。但是，应注意泵的允许吸上真空高度不要利用到极限。优点：结构上处理比合建式简单，施工较方便；机器间没有污水渗透和被污水淹没的危险。缺点：要抽真空启动；为了满足排水泵站来水的不均匀性，泵启动较频繁，给运行操作带来困难。

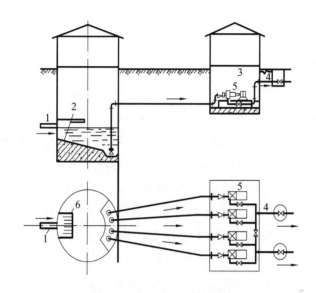

图 5.3 分建式矩形排水泵站

1—排水管渠；2—集水池；3—机器间；4—压水管； 5—水泵机组；6—格栅

4. 排水泵站的工艺特点

（1）机组布置特点。

①污水泵站中机组台数，一般不超过 4 台，而且污水泵都是从轴向进水，一侧出水，所以通常采取并列的布置形式，如图 5.4 所示。图 5.4（a）适用于卧式污水泵；图 5.4（b）及图 5.4（c）适用于立式污水泵。

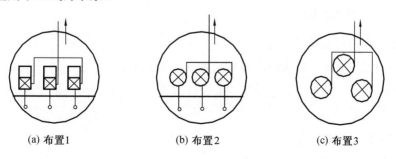

图 5.4 污水泵站机组布置

②为了减小集水池的容积，污水泵机组的"开""停"比较频繁。为此，污水泵通常采取自灌式工作。这时，吸水管上必须装设闸门，以便检修泵。但是采取自灌式工作，会使泵房埋深加大，增加造价。

③全昼夜运行的大型污水泵站的集水池容积根据工作泵机组停车时启动备用机组所需的时间来计算，一般可采用不小于泵站中最大一台泵 5 min 出水体积。对于小型污水泵站，由于夜间的流入量不大，通常在夜间停止运行，必须使集水池容积能够满足储存夜间流入量的要求。

(2) 管道的布置与设计特点。

①每台泵应设置一条单独的吸水管，不仅改善了水力条件，而且可降低杂质堵塞管道的可能性。吸水管的设计流速一般采用 1.0~1.5 m/s，最低 0.7 m/s，以免管道内产生沉淀。吸水管很短时，流速可提高到 2.0~2.5 m/s。

②如果泵是非自灌式工作的，应利用真空泵或水射器引水启动，而不允许在吸水管进口处装设底阀，因底阀在污水中易被堵塞，影响泵的启动且增加水头损失和电耗。吸水管进口应装设喇叭口，其直径为吸水管直径的 1.3~1.5 倍。喇叭口安设在集水池的集水坑内。

③压水管的流速一般不小于 1.5 m/s，当 2 台或 2 台以上泵合用一条压水管而仅一台泵工作时，其流速也不得小于 0.7 m/s，以免管内产生沉淀。各泵的出水管接入压水干管（连接管）时，不得自干管底部接入，以免泵停止运行时，该泵的压水管内形成杂质淤积。每台泵的压水管上均应装设闸门，污水泵出口一般不装设止回阀。

④排水泵站内管道敷设一般用明装。吸水管道常置于地面上，由于泵房较深，压水管道多采用架空安装，通常沿墙架设在托架上。所有管道应注意稳定。管道的布置不得妨碍泵站内的交通和检修工作。不允许把管道装设在电气设备的上方。

⑤污水泵站的管道易受腐蚀。钢管抵抗腐蚀性能较差，因此一般应避免使用钢管。

(3) 排水泵站内部标高的确定。

排水泵站内部标高主要根据进水管渠底标高或管中水位确定。自灌式泵站集水池底板与机器间底板标高基本一致，而非自灌式（吸入式）泵站，由于利用了泵的真空吸上高度，机器间底板标高较集水池底板标高大。集水池中最高水位，对于小型泵站可取进水管渠渠底标高；对于大中型的泵站可取进水管渠计算水位标高。

5. 排水泵站的选泵方法

(1) 排水泵站设计流量的确定。

排水泵站的设计流量一般按最高日最高时污水流量确定。一般小型排水泵站（最高日污水量在 5 000 m³ 以下）设 1 或 2 套机组；大型排水泵站（最高日污水量超过 15 000 m³）设 3 或 4 套机组。

(2) 排水泵站设计扬程的确定。

排水泵站设计扬程 H (m) 可按下式计算：

$$H = H_{ss} + H_{sd} + \sum h_s + \sum h_d$$

式中　H_{ss}——吸水地形高度，为集水池内最低水位与水泵轴线之高差，m；

　　　H_{sd}——压水地形高度，为水泵轴线与输水最高点（即压水管出口处）之高差，m；

　　　$\sum h_s$、$\sum h_d$——污水通过吸水管路、压水管路的水头损失（包括沿程损失和局部损失）。

应该指出，由于污水泵站一般扬程较低，局部损失占总损失比例较大，所以不可忽略不计。考虑到污水泵在使用过程中因效率下降和管道中因阻力增加而增加的能量损失，在确定泵扬程时，可增加 1～2 m 安全扬程。

6. 污水泵站中的辅助设备

（1）格栅。

格栅是污水泵站中最主要的辅助设备。格栅一般由一组平行的栅条组成，斜置于泵站集水池的进口处。其倾斜角度为 60°～80°。格栅后应设置工作台，工作台一般高出格栅上游最高水位 0.5 m。格栅的清污方式分为人工清污和机械清污两种。

①人工清污：工作平台沿水流方向长度不小于 1.2 m，两侧过道宽度不小于 0.7 m，工作平台上应有栏杆和冲洗设施。

②机械清污：工作平台沿水流方向长度不小于 1.5 m，能自动清除截留在格栅上的垃圾，将垃圾倾倒在翻斗车或其他集污设备内，大大减轻了工人的劳动强度，保护了工人身体健康，同时可降低格栅的水头损失，节约电耗。

（2）水位控制器。

为适应污水泵站开停频繁的特点，往往采用自动控制机组。自动控制机组的启动、停车信号通常由水位控制器发出。水位控制器可分为浮球液位控制器和电极液位控制器。图 5.5 所示为污水泵站中常用的浮球液位控制器。浮子 1 置于集水池中，通过滑轮 5，用绳子 2 与重锤 6 相连，浮子 1 略重于重锤 6。浮子 1 随着池中水位上升与下落，带动重锤 6 下降与上升。在绳 2 上有夹头 7 和 8，水位变动时，夹头能将杠杆 3 拨到上面或下面的极限位置，使触点 4 接通或切断线路 9 与 10，从而发出信号。当控制器接收信号后，即能按事先规定的程序开车或停车。国内使用较多的水位控制器有 VQK-12 型浮球液位控制器、浮球行程式水位开关、浮球拉线式水位开关。

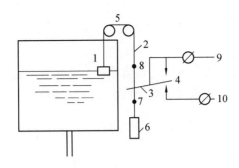

图 5.5 浮子液位控制器

1—浮子；2—绳子；3—杠杆；4—触点；5—滑轮；6—重锤；7—下夹头；8—上夹头；9、10—线路

电极液位控制器利用污水具有导电性，由液位电极配合继电器实现液位控制。与浮球液位控制器相比，由于它无机械传动部分，从而具有故障少、灵敏度高的优点。按电极配用的继电器类型不同，电极液位控制器分为晶体管水位继电器、三极管水位继电器、干簧继电器等。

（3）计量设备。

设在污水处理厂内的泵站，常在污水处理后的总出口明渠上设置计量槽。单独设立的污水泵站可采用电磁流量计，也可以采用弯头水表或文氏管水表计量，但应注意防止传压细管被污物堵塞，为此应有引高压清水冲洗传压细管的措施。

（4）引水装置。

污水泵站一般设计成自灌式，无需引水装置。当泵为非自灌工作时，可采用真空泵或水射器抽气引水，也可以采用密闭水箱注水。当采用真空泵引水时，在真空泵与污水泵之间应设置气水分离箱，以免污水和杂质进入真空泵内。

（5）反冲洗设备。

污水中所含杂质往往部分沉积在集水坑内，时间长了，腐化发臭，甚至填塞集水坑，影响泵的正常吸水。

为了松动集水坑内的沉渣，应在坑内设置压力冲洗管。一般从泵的压水管上接出一根直径为 50～100 mm 的支管伸入集水坑中，定期将沉渣冲起，由泵抽走；也可在集水池间设一自来水龙头，作为冲洗水源。

（6）排水设备。

当泵为非自灌式时，机器间高于集水池，机器间的污水能自流泄入集水池，可用管道把机器间的集水坑与集水池连接起来，其上装设闸门，排集水坑污水时将闸门开启，污水排放完毕即将闸门关闭，以免集水池中的臭气逸入机器间。当吸水管能形成真空时，也可在泵吸水口附近（管径最小处）接出一根小管伸入集水池，泵在低水位工作时，将池中污水抽走。

如机器间污水不能自行流入集水池，则应设排水泵（或手摇泵）将污水抽到集水池。

第 5 章 　排水泵站

（7）采暖与通风设施。

集水池一般不需采暖设备，因为集水池较深，热量不易散失，且污水温度通常不低于 10 ℃。机器间如必须采暖时，一般采用火炉，也可采用暖气设施。

排水泵站的集水池通常利用通风管自然通风，在屋顶设置风帽。机器间一般只在屋顶设置风帽，进行自然通风。只有在炎热地区，机组台数较多或功率很大，自然通风不能满足要求时，才采用机械通风。

（8）起重设备。

起重量在 0.5 t 以内时，设置移动三脚架或手动单梁吊车，也可在集水池和机器间的顶板上预留吊钩；起重量在 0.5～2.0 t 时，设置手动单梁吊车；起重量超过 2.0 t 时，设置手动桥式吊车。

深入地下的泵房或吊运距离较长时，可适当提高起吊机械水平。

习　题

一、填空题

1. 排水泵站按集水池与机器间的组合情况，可分为_____、_____。
2. 排水泵站按其在排水系统中的作用可分为_____、_____。
3. 排水泵站按排水性质可分为_____、_____、_____、_____。
4. 污水泵站的设计流量一般按_____污水流量确定。
5. 污水泵的吸水管设计流速为_____，最低_____，以免管内沉淀。
6. 污水泵站内部标高主要根据_____或_____确定。

二、选择题

1. 下列不是污水泵站的辅助设备的是（　　）

A. 格栅　　B. 计量设备　　C. 采暖与通风设施　　D. 防火与安全设施

2. 排水泵站的设计流量一般均按（　　）污水流量决定。

A. 最高日平均时　　B. 最高日最高时

C. 最高月最高日　　D. 最高月最高时

3. 排水泵站按其排水性质，一般可分为污水泵站、（　　）、雨水泵站和合流泵站。

A. 提升泵站　　B. 回流泵站　　C. 污泥泵站　　D. 终点泵站

4. 下列选项不属于合建式矩形泵站优点的是（　　）。

A. 电气设备不易受潮

B. 启动操作简单，易于实现自动化

C. 建造费用低

D. 管理操作条件良好

5. 排水泵站按照控制的方式分类可分为三类，下列选项不属于此分类的是（　　）。
   A. 人工控制　　　　B. 机械控制　　　　C. 自动控制　　　　D. 遥控控制
6. （多选）排水泵站的基本组成包括（　　）。
   A. 进水头　　　　　B. 格栅　　　　　　C. 集水池
   D. 机器间　　　　　E. 辅助间
7. 污水泵站中，起重量超过 2.0 t 时，采用（　　）。
   A. 手动桥式吊车　　B. 手动单梁吊车　　C. 移动三脚架　　D. 以上选项都不对
8. 考虑到污水泵在使用过程中因效率下降和管道中因阻力增加的能量损失，在确定水泵扬程时，可增加（　　）m 安全扬程。
   A. 1～2　　　　　　B. 2～3　　　　　　C. 3～4　　　　　D. 0.5～1
9. 污水泵房集水池容积，不应小于最大一台水泵（　　）的出水量。
   A. 9 min　　　　　 B. 3 min　　　　　 C. 5 min　　　　　D. 10 min

三、判断题

1. 排水泵站的类型取决于进水管渠的埋设深度、来水流量、泵机组的型号与台数、水文地质条件以及施工方法等因素。（　　）
2. 合建式圆形泵站最大的缺点是要抽真空启动。（　　）
3. 排水泵站的基本组成包括：机器间、集水池、格栅、辅助间和变电所。（　　）
4. 排水泵站按其排水性质分，一般可分为污水泵站、雨水泵站、合流泵站和污泥泵站。（　　）
5. 水位控制器只能选用浮球液位控制器。（　　）
6. 对于全昼夜运行的大型污水泵站，集水池容积不小于泵站中最大一台水泵 5 min 出水量的体积；对于小型污水泵站，集水池容积应满足储存夜间流入量的要求。（　　）
7. 每台污水泵的压水管上均应装设阀门，一般不装设止回阀。（　　）
8. 格栅的清污方式可分为人工清污和机械清污两种。（　　）
9. 选择排水泵站的类型主要考虑造价因素，至于机组布置和施行条件等方面可以忽略。（　　）
10. 集水池都需要设置采暖设备。（　　）

四、简答题

污水泵站的流量及扬程如何确定？

_____

_____

_____

_____

参 考 答 案

一、填空题

1．（合建式泵站）（分建式泵站）

2．（中途泵站）（终点泵站）

3．（污水泵站）（雨水泵站）（合流泵站）（污泥泵站）

4．（最高日最高时）

5．（1.0~1.5 m/s）（0.7 m/s）

6．（进水管渠底标高）（管中水位）

二、选择题

1. D

2. B

3. C

4. C

5. B

6. BCDE

7. A

8. A

9. C

三、判断题

1. √

2. ×

3. √

4. √

5. ×

6. √

7. √

8. √

9. ×

10. ×

四、简答题

污水泵站流量按照最高日最高时的污水流量确定，扬程=吸水地形高度+压水地形高度+

吸水管路水头损失+压水管路水头损失（$H = H_{SS} + H_{sd} + \sum h_s + \sum h_d$）。考虑到污水泵在使用过程中因效率下降和管道中因阻力增加而增加的能量损失，在确定泵扬程时，可增大 1~2 m 安全扬程。

5.2 雨水泵站

知识要点

1. 雨水泵站的设计原因与主要特点

当雨水管道出口处水体水位较高、雨水不能自流排泄时，或者水体最高水位高出排水区域地面时，都应在雨水管道出口设置雨水泵站。雨水泵站的特点是流量大、扬程小，因此大都采用轴流泵，有时也用混流泵。

2. 雨水泵站的基本类型

雨水泵站有"干室式"（图 5.6）和"湿室式"（图 5.7）两种基本形式。
①"干室式"雨水泵站。

"干室式"雨水泵站共分 3 层。上层是电动机间，安装立式电动机和其他电气设备；中层为机器间，安装水泵的轴和压水管；下层是集水池。

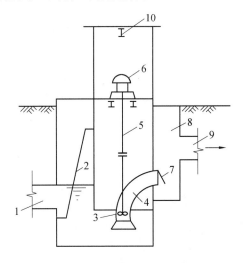

图 5.6 "干室式"雨水泵站

1—来水干管；2—格栅；3—水泵；4—压水管；5—传动轴；6—立式电动机；7—拍门；
8—出水井；9—出水管；10—单梁吊车

机器间与集水池用不透水的隔墙分开，集水池的雨水除了进入泵以外，不允许进入机器间。优点：电机运行条件好，检修方便，卫生条件也好。缺点：结构复杂，造价较高。

②"湿室式"雨水泵站。

"湿室式"雨水泵站中,电动机层下面是集水池,水泵浸于集水池内。结构虽比"干室式"雨水泵站简单,造价较低,但水泵的检修不如"干室式"方便,另外,泵站内比较潮湿且有臭味,不利于电气设备的维护和管理工人的健康。

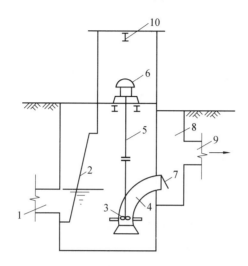

图 5.7 "湿室式"雨水泵站
1—来水干管;2—格栅;3—水泵;4—压水管;5—传动轴;6—立式电动机;7—拍门;
8—出水井;9—出水管;10—单梁吊车

3. 雨水泵站中泵的选型

雨水泵站在遇大雨和小雨时设计流量的差别很大。泵的选型首先应满足最大设计流量的要求,但也必须考虑到雨水径流量的变化。只顾大流量忽视小流量并不全面,且会给泵站的工作带来困难。雨水泵一般不宜少于 2 台,以便适应来水流量的变化。大型雨水泵站按流入泵站的雨水道设计流量来选择泵;小型雨水泵站(流量在 2.5 m^3/s 以下)中,泵的总抽水能力可略大于雨水道设计流量。

泵的型号不宜太多,最好选用同一型号。如必须大小泵搭配时,其型号也不宜超过 2 种。如采用一大二小三台泵时,小泵出水量不小于大泵出水量的 1/3。

雨水泵可以在旱季检修,因此通常不设备用泵。

雨水泵的扬程必需满足从集水池平均水位到出水池最高水位所需扬程。

4. 集水池(也称吸水井)的设计

(1) 设计依据。

在雨水泵站设计中,一般不考虑集水池的调节作用,只要求在保证泵正常工作和合理布置吸水口等所必需的容积。一般采用大于最大出水量的一台泵 30 s 的出水量。

(2) 设计必要性。

①由于雨水泵站大都采用轴流泵,而轴流泵是没有吸水管的,集水池中水流的情况会直

接影响叶轮进口的水流条件。从而引起对泵性能的影响。因此，必须正确地设计集水池，否则会使泵工作受到干扰而使泵性能与设计要求大大不同。

② 由于水流具有惯性，流速越大其惯性越显著，因此水流不会轻易改变方向。集水池的设计必须考虑水流的惯性，以保证泵具有良好的吸水条件，不致产生旋流与各种涡流。

5. 出流设施

雨水泵站的出流设施一般包括出流井、出流管、超越管（溢流管）和排水口4个部分。出流井中设有各泵出口的拍门，雨水经出流井、出流管和排水口排入天然水体。拍门可以防止水流倒灌入泵站。出流井可以多台泵共用一个，也可以每台泵各设一个。

6. 泵站内部布置与构造

雨水泵站中泵一般都是单行排列，每台泵各自从集水池中抽水，并独立地排入出流井。出流井一般放在室外，当可能产生溢流时，应予以密封，并在井盖上设置透气管或在出流井内设置溢流管，将倒流水引回集水池。

吸水口和集水池之间的距离应使吸水口和集水池底之间的过水断面面积等于吸水喇叭口的面积。

集水池中最高水位标高，一般为来水干管的管顶标高，最低水位一般略低于来水干管的管底。对于流量较大的泵站，为了避免泵房太深使施工困难，也可以略高于来水管渠的管底，让最低水位与该泵流量下来水管渠中的水面标高齐平。泵的淹没深度按泵样本的规定采用。

电动机间和集水池间均为自然通风，水泵间用通风管通风。

在出水井内设溢流管和放空管。

习　　题

一、填空题

1. 雨水泵站水泵类型一般采用_____，这是因为雨水泵站具有_____的特点。
2. 雨水泵站的基本形式有_____和_____两种。
3. 雨水泵的扬程必须满足从_____到_____所需扬程。
4. 雨水泵的流量满足_____的要求，但必须考虑到_____的变化。
5. 雨水泵站的出流设施一般包括_____、_____、_____、_____4个部分。
6. 雨水泵站集水池最高水位标高，一般为来水干管的管顶标高，最低水位要_____来水干管的管底。
7. 大型雨水泵站按_____来选择水泵，小型雨水泵站水泵的总抽水能力可_____雨水道设计流量。

第 5 章　排水泵站

二、选择题

1. 雨水泵站集水池的容积应（　　）出水量最大一台水泵（　　）流量的容积（　　）。
   A. 大于；5 min
   B. 小于；30 s
   C. 大于；30 s
   D. 小于；5 min

2. 下列属于"湿室式"雨水泵站的缺点的有（　　）。
   A. 造价较高　　B. 有臭味　　C. 结构复杂　　D. 以上选项均正确

3. 雨水泵站的特点（　　）。
   A. Q 小，H 大　　B. Q 大，H 小　　C. Q 小，H 小　　D. Q 大，H 大

4. 下列不属于"干室式"雨水泵站优点的是（　　）。
   A. 结构简单　　B. 检修方便　　C. 卫生条件好　　D. 电机运行条件好

5. （多选）下列选项有关雨水泵站，说法正确的是（　　）。
   A. 雨水泵通常设备用泵
   B. 雨水泵的台数一般不宜小于 2 台
   C. 在雨水泵站设计中，一般不考虑集水池的调节作用
   D. 雨水泵站中泵一般都是单行排列

三、判断题

1. 雨水泵可以在旱季检修，因此通常不设备用泵。　　　　　　　　　　（　　）
2. 雨水泵台数一般不宜少于 2 台，以适应来水流量变化。　　　　　　　（　　）
3. 雨水泵站设计中，一般不考虑集水池的调节作用。　　　　　　　　　（　　）
4. 雨水泵站的集水池设计无须考虑水流的惯性。　　　　　　　　　　　（　　）

参 考 答 案

一、填空题

1. （轴流泵）（流量大、扬程小）
2. （"干室式"）（"湿室式"）
3. （集水池平均水位）（出水池最高水位）
4. （最大设计流量）（雨水径流量）
5. （出流井）（出流管）（超越管（溢流管））（排水口）
6. （低于）
7. （流入泵站的雨水道设计流量）（略大于）

二、选择题

1. C

2. B

3. B

4. A

5. BCD

三、判断题

1. √

2. √

3. √

4. ×

5.3 合流泵站

知识要点

1. 概念

在合流制或截留式污水系统设置的用以提升或排除服务区域内的污水和雨水的泵站为合流泵站。

2. 工艺特点

合流泵站在不下雨时,抽送的是污水,流量较小;当下雨时,合流管路系统流量增加,合流泵站不仅抽送污水,还抽送雨水,流量较大。

3. 选泵方法

合流泵站在选泵时,不仅要装设流量较大的用以抽送雨天合流污水的泵,还要装设小流量的泵,用于不下雨时抽送连续流来的少量污水。

选泵方法应该引起重视,否则会造成泵站工作的困难和电能的浪费。因此,在设计合流泵站时,应根据合流泵站抽送合流污水及其流量的特点,合理选泵及布置泵站设备。

4. 设计时注意事项

污水泵自灌式启动,考虑以后的维修养护且不能停止运行,应在泵前吸水管路设置闸阀。在污水泵压水管路设置闸阀及止回阀,在雨水泵出水管上设置拍门。为抗振和减少噪声,在管路上设置曲挠接头。为排除泵站内集水,设置集水槽及集水坑,由潜污泵排除集水。机器间内管材如采用钢管,所有钢管均采用加强防腐措施;淹没在集水池的钢管,其外层均采用玻璃钢防腐。管材与泵、阀、弯头均采用法兰连接。

第5章 排水泵站

习　　题

一、填空题

1. 污水泵自灌式启动，考虑到以后的维修养护且不能停止运行，应在泵前吸水管路设置_____。
2. 在污水泵压水管路设置_____及_____，在雨水泵站出水管上设置_____。
3. 为抗振和减少噪音，管路上设置_____。

二、判断题

1. 泵站内集水槽和集水坑内集水用离心泵排出。（　　）
2. 合流泵站需要大小泵搭配。（　　）
3. 雨水泵出水管上设有拍门。（　　）
4. 雨水合流式泵站常抽送污水和雨水，在下雨时流量较大。（　　）
5. 合流式泵站主要考虑雨水的流量进行选泵和布置泵房。（　　）

参　考　答　案

一、填空题

1.（闸阀）
2.（闸阀）（止回阀）（拍门）
3.（曲挠接头）

二、判断题

1. ×
2. √
3. √
4. √
5. ×

5.4 螺旋泵站

知识要点

1. 设计参数的选择

螺旋泵的直径和长度是两个主要的设计参数。螺旋泵的直径主要取决于排水量，而长度则主要取决于所需的扬程（即提升高度）。

（1）螺旋泵排水量 Q 与直径（叶片外径）D 的关系。

$$Q = \phi D^3 n$$

式中 ϕ——流量系数，其值随泵的安装倾角而变化；

n——螺旋泵的转速，r/min。

由上式可知，排水量一定时，直径 D 越大，转速 n 越小，一般 n 采用 20～90 r/min。

（2）螺旋泵的扬程与泵的直径、长度的关系。

①螺旋泵的直径越小或长度越大，则其挠度就越大。当螺旋泵的直径与轴心管直径之比为 2∶1 时，螺旋泵的直径与扬程的关系见表 5.1。

表 5.1 螺旋泵直径与扬程

螺旋泵直径/mm	500	700	1 500	>1 500
螺旋泵扬程/m	5	6	7	8

螺旋泵的安装倾角，一般认为在 30°～40°之间最为经济。

②螺旋泵的长度不仅取决于所需的提升高度，而又受轴心管挠度的影响。在提升高度一定时，由于安装方式不同，螺旋泵的长度也不相同。

（3）电动机功率的确定。

$$N = \frac{\rho g Q H_N}{1\,000 \eta_1 \eta_2} \times K$$

式中 N —— 电动机功率，kW；

ρ —— 所抽升液体的密度，kg/m³；

Q —— 抽水量，m³/s；

H_N —— 扬程，m；

η_1 —— 泵的效率，%；

η_2 —— 减速装置效率，%；

K —— 安全系数，采用 1.05～1.10。

习 题

一、填空题

1. 螺旋泵的_____和_____是两个主要的设计参数。
2. 螺旋泵的直径主要取决于_____，而长度则主要取决于_____。
3. 螺旋泵的安装倾角，一般认为在_____之间最为经济。

二、选择题

1. 螺旋泵的排水量 $Q = \phi D^3 n$，其中 ϕ 是流量系数，其值（   ）。

A. 与泵的安装倾角无关

B. 随泵的安装倾角而变化

C. 随泵的转速而发生改变

D. 越大，转速越小，与倾角无关

2. 螺旋泵的两个主要设计参数（   ）。

A. 流量与流速

B. 倾角与流量系数

C. 转速与直径

D. 直径与长度

3. 螺旋泵的扬程与泵的直径、长度的关系，下列描述不正确的是（   ）。

A. 直径越小或长度越大，挠度越大

B. 扬程受到直径的限制

C. 螺旋泵的长度与所需提升的高度无关

D. 在提升高度一定时，由于安装方式不同，螺旋泵的长度也不相同

参 考 答 案

一、填空题

1.（直径）（长度）

2.（排水量）（扬程）

3.（30°～40°）

二、选择题

1. B

2. D

3. C

5.5 排水泵站 SCADA 系统

知识要点

1. 排水泵站 SCADA 系统的定义

排水泵站 SCADA 系统是指通过检测仪表、控制装置和计算机等设备对污水泵站进行自动检测、控制和管理的系统，以保证排水系统安全、经济、有效地运行。

2. 排水泵站 SCADA 系统的功能

排水泵站 SCADA 系统的组成与给水泵站 SCADA 系统基本相同，一般由设备层、控制层、管理（调度）层、信息层构成。图 5.8 是某一排水泵站远程 SCADA 系统的结构示意图。系统采用了 3 种远程通信方式：城市 IP 城域网、GPRS（General Packet Radio Service，通用无线分组业务）以及 PSTN（Public Switched Telephone Network，公共交换电话网络）。

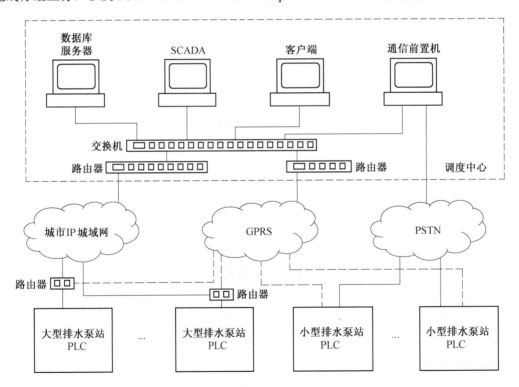

图 5.8 某排水泵站远程 SCADA 系统结构示意图

该系统中的泵站现场监控层采用 PLC 及 I/O、A/D 模块构成测控主体。PLC 监控的主要设备和信号包括：泵、格栅机、启闭机、集水井水位、出水口（池）水位以及配电柜等。排水泵站当地安装有触摸屏操作终端，通过现场总线连接 PLC，可直接对泵站的设备进行监控。

因此，每个泵站的 PLC 都是一个完整的系统，在脱离调度中心时都可能独立操作。

系统的调度中心由多台计算机和服务器组成，集中采集各个排水泵站的实时运行数据，并根据系统需求提高各种应用功能，实现泵站的远程监控和统一调度。

习　　题

填空题

1. 排水泵站 SCADA 系统由_____、_____、_____、_____等部分组成。
2. 系统调度中心由_____和_____组成。
3. 排水泵站 SCADA 系统是指通过_____、_____和_____等设备对污水泵站进行自动检测、控制和管理的系统。

参 考 答 案

填空题

1.（设备层）（控制层）（调度层）（信息层）
2.（多台计算机）（服务器）
3.（检测仪表）（控制装置）（计算机）

参 考 文 献

[1] 许仕荣，张朝升，韩德宏. 泵与泵站[M]. 7版. 北京：中国建筑工业出版社，2021.

[2] 张景成，张立秋. 水泵与水泵站[M]. 3版. 哈尔滨：哈尔滨工业大学出版社，2010.

[3] 中华人民共和国住房和城乡建设部. 室外给水设计规范：GB 50013—2018[S]. 北京：中国计划出版社，2018.

[4] 中华人民共和国住房和城乡建设部. 室外排水设计规范：GB 50014—2021[S]. 2016年版. 北京：中国计划出版社，2021.

[5] 上海市政工程设计研究院总院. 给水排水设计手册：第3册. 城镇给水[M]. 3版. 北京：中国建筑工业出版社，2017.

[6] 中华人民共和国水利部. 泵站设计规范：GB/T 50265—2010[S]. 北京：中国计划出版社，2011.

[7] 金锥，姜乃昌，汪兴华，等. 停泵水锤及其防护[M]. 2版. 北京：中国建筑工业出版社，2004.

[8] 中国市政工程西北设计院. 给水排水设计手册第11册：常用设备[M]. 3版. 北京：中国建筑工业出版社，2014.

[9] 张杰，刘喜光，张大群，等. 水工业工程设计手册——水工业工程设备[M]. 北京：中国建筑工业出版社，2000.